冶金工业出版社

普通高等教育“十四五”规划教材

无线传感器网络设计

汪彦君　蒋存波　编著

北　京
冶　金　工　业　出　版　社
2024

内容提要

本书以实践应用为前提，以项目化教学为主线，以任务驱动为模块，分上中下三篇系统介绍了无线传感器网络设计的相关基础知识、节点设计和组网方法等。上篇为设计基础，中篇为检测装置设计，下篇为无线传感器节点设计。每章后附有思考题，便于对学习内容的巩固提高。

本书可作为高等院校物联网工程、电气信息等专业的教材或教学参考书，也可供从事相关行业的工程技术人员学习参考。

图书在版编目（CIP）数据

无线传感器网络设计 / 汪彦君，蒋存波编著．
北京 ：冶金工业出版社，2024．10．--（普通高等教育“十四五”规划教材）．-- ISBN 978-7-5024-9789-7

Ⅰ．TP212

中国国家版本馆 CIP 数据核字第 2024QL5753 号

无线传感器网络设计

出版发行 冶金工业出版社　　**电　话**（010）64027926
地　址 北京市东城区嵩祝院北巷 39 号　　**邮　编** 100009
网　址 www. mip1953. com　　**电子信箱** service@ mip1953. com

责任编辑 杜婷婷　美术编辑 吕欣童　版式设计 郑小利
责任校对 梁江凤　责任印制 禹　蕊
三河市双峰印刷装订有限公司印刷
2024 年 10 月第 1 版，2024 年 10 月第 1 次印刷
710mm×1000mm　1/16；7. 75 印张；151 千字；114 页
定价 39. 00 元

投稿电话　**（010）64027932**　**投稿信箱**　**tougao@ cnmip. com. cn**
营销中心电话　**（010）64044283**
冶金工业出版社天猫旗舰店　**yjgycbs. tmall. com**
（本书如有印装质量问题，本社营销中心负责退换）

前　言

传感器网络是物联网的基本组成部分，是物联网感知和识别周围环境信息的采集系统。为了方便感知、部署与提高网络的可扩展性，传感器网络一般采用无线通信方式，形成节点之间可自组织拓扑结构的无线传感器网络（Wireless Sensor Networks，WSN）。无线传感器网络技术综合了传感器技术、嵌入式计算技术、现代网络与无线通信技术、分布式信息处理技术等重要信息技术，由大量静止或移动的传感器以自组织和多跳的方式构成无线网络，协同实时监测、感知、采集、处理和传输网络覆盖区域中被感知对象的信息，并把这些信息发送给网络的所有者。

无线传感器网络是高等院校物联网工程专业和其他相关专业的一门重要专业课程。现阶段，行业对具备较强物联网实践应用能力的专业人才需求旺盛。为适应物联网工程专业应用型课程的改革，本书以物联网行业需求为背景，以实践应用为前提，以项目化教学为主线，以任务驱动为模块，给出实用无线传感器网络设计实例，既面向本科院校应用型人才培养的需求，又立足于对学生自主学习能力和实践创新精神的培养。

本书从结构上分为三篇：上篇介绍了无线传感器网络设计的基础知识，包括无线通信模块和基本设计方法等内容；中篇介绍了检测装置设计方法，以温湿度、称重、心率、磁场、光照度等多个常用检测装置为例，从测量原理、电路设计、软件设计等多方面阐述检测装置设计流程及方法；下篇融合无线通信模块，介绍了无线传感器网络的节点设计及组网方法。

本书由桂林理工大学教材建设基金资助出版，感谢桂林理工大学计算机科学与工程学院对本书的出版给予的大力支持。

由于编者水平所限，书中不妥之处，敬请广大读者批评指正。

作　者
2024 年 1 月

目录

上篇　设计基础

中篇 检测装置设计

下篇 无线传感器节点设计

上篇　设计基础

无线传感器网络综合了传感器技术、嵌入式计算技术、现代网络及无线通信技术、分布式信息处理技术等重要信息技术，是多学科高度交叉的前沿课题。本篇基于无线传感器网络的设计需要，介绍 ZigBee 无线通信模块和无线传感器网络的基本设计方法，为无线传感器网络项目设计提供方法基础。

1　ZigBee 模块 DRF1605

ZigBee 是一种基于标准的远程监控、控制和传感器网络应用技术，主要用于基于无线通信的自动化和物联网等领域，可省去计算机设备、一系列数字设备间的有线电缆，实现多种不同数字设备间的无线组网，使它们实现相互通信。围绕 ZigBee 芯片技术推出的外围电路称为 ZigBee 模块，常见的 ZigBee 模块都是遵循 IEEE 802.15.4 的国际标准，并且运行在 2.4 GHz 的频段上。本章以 DRF1605 为例，介绍 ZigBee 网络的节点设置和组网方法。

1.1　ZigBee 网络的节点形态

DRF1605 是以 CC2530 为核心的 ZigBee 模块，其具有三种不同的网络节点形态，分别是协调器（Coordinator）、路由器（Router）、终端节点（End Device）。

1.1.1　协调器

协调器用来创建一个 ZigBee 网络，当有节点加入时，分配地址给子节点。

协调器通常定义为不能掉电的设备，没有低功耗状态。每个 ZigBee 网络有且只能有一个协调器。不同网络的 PAN ID（网络 ID 号）应该不一样，如果在同一空间存在两个协调器，若它们初始的 PAN ID 一样，则后上电的协调器的 PAN ID 会自动加 1 以免引起 PAN ID 冲突。

模块 DRF1605 可以设置为 ZigBee 网络协调器。

1.1.2　路由节点

路由器通常被称为全功能节点（FFD，Full Function Device），既可以进行信息的检测，也可以收发数据和转发数据。

在 ZigBee 网络中，路由器负责转发资料包，寻找最适合的路由路径，当有节点加入时，可以为节点分配地址。路由器通常定义为具有电源供电的设备，不进入低功耗状态。DRF1605 可以设置为路由器。

每个 ZigBee 网络可以有多个路由器，而且往往需要多个路由器来进行多跳地转发数据。当一个网络全部由协调器（1 个）及路由器（多个）构成时，这个网络才是真正的 MESH 网络（网状网），如图 1-1 所示，图中符号 C 表示协调器节点，符号 R 表示路由器节点。在该网络中，每个节点发送的数据全部自动路由到达目标节点。

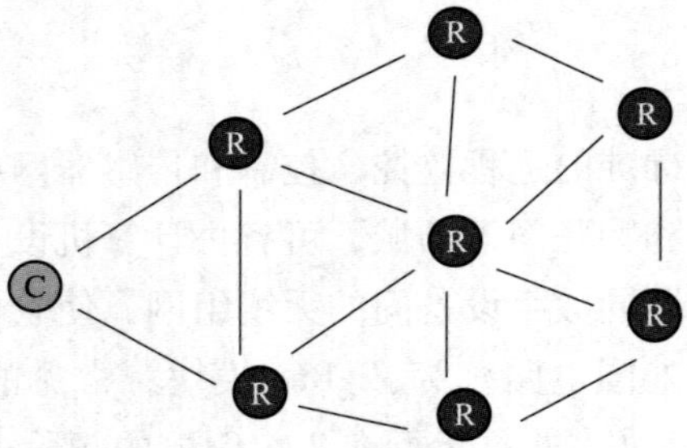

图 1-1　由协调器和路由器构成的 ZigBee 网络

当一个 ZigBee 网络形成后（MESH 网络），路由器获得的地址（短地址，Short Address）是不变的，可作为点对点数据传输的地址使用。

在构成网络后，即使协调器掉电，网络中的路由器仍然能维持这个网络，这个网中的路由器与路由器之间仍然能够数据传送。

在协调器掉电时，如果有新的节点加入网络，这个新节点能够通过现有的路由器获得地址，加入该网络。

每个路由器节点后面可以挂接 6 个路由器节点，含协调器层在内最多允许 6 层，因此 1 个由 1 个协调器+n 个路由器构成的 ZigBee 网络，总共支持 9331 个节点，如图 1-2 所示。

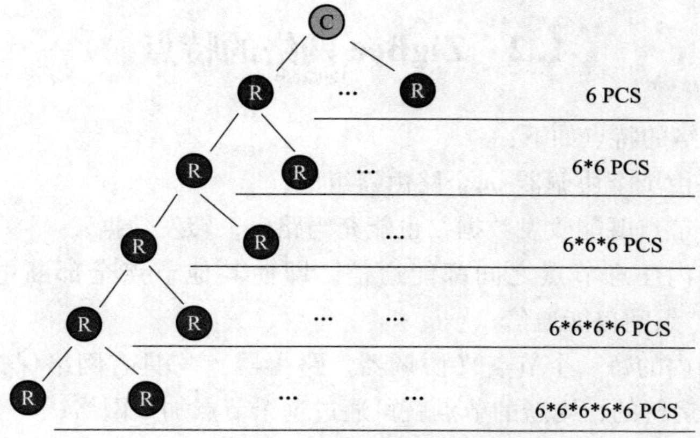

图 1-2 ZigBee 网络层次结构和节点个数

1.1.3 终端节点

终端节点只能选择已经存在的 ZigBee 网络加入，它是一个传感器节点或者控制节点，可以收发数据，但是不能转发数据。

终端节点通常定义为电池供电设备，可周期性地睡眠和唤醒，并执行设定的任务，具有低功耗特征。

每个 ZigBee 网络可能需要若干个终端节点，用以完成无线传感器网络中的信息检测与控制功能。终端节点通常在每个睡眠周期被唤醒时，询问自己的父节点是否有传输给自己的数据或指令，并执行设定的任务，所以终端节点通常只接收少量的数据，并周期性地发送少量数据。具有终端节点的网络如图 1-3 所示，图中符号 C 表示 Coordanitor（协调器）节点，符号 R 表示 Router（路由器）节点，符号 E 表示 End Device（终端节点）。

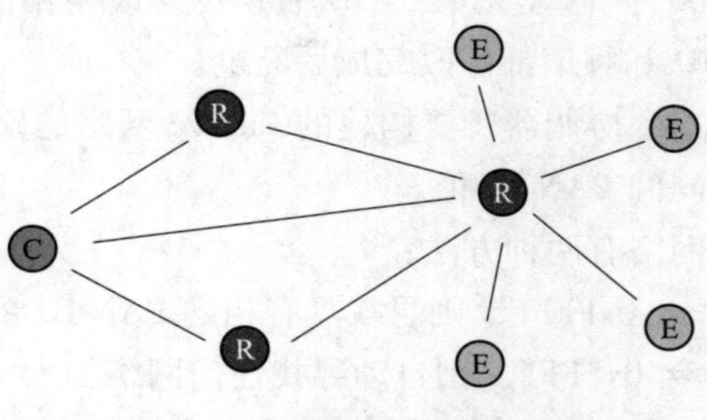

图 1-3 包含终端节点的 ZigBee 网络

在一个 ZigBee 网络中，不能没有协调器和路由器节点，但可以没有终端节点。

1.2　ZigBee 网络的特点

ZigBee 网络的特点如下：

（1）网络由 1 个协调器+n 个路由器组成；

（2）每个节点既能收发数据，也能充当路由，转发数据；

（3）网络内任意节点之间都能通信，即使其他节点全部断电（包括协调器），这两个节点间也能通信；

（4）网络内的每一个节点（协调器、路由器）均具有网络保持功能，只要有一个节点是运行的，则新的节点就可通过这个节点加入网络；

（5）节点加入后，自动获得 ZigBee 网络分配的地址，并保持该地址不变；

（6）路由的计算是自动的，转发的数据并不依赖于是通过哪个节点加入网络。

1.3　ZigBee 网络的组网

DRF1605 可以设定为协调器或者路由器，模块出厂时的默认设置为路由器，PAN ID=0x199B，频道=22（2460 MHz）。这些值有可能在以往的使用过程中被改变。

（1）使用配置软件将某个模块的节点类型改为协调器（主节点），然后重启该节点。

（2）将这个协调器（主节点）的 PAN ID 改为你设定的值，为防止与默认值冲突，建议不要使用默认值 0x199B，例如修改为 0x1234（注意：PAN ID 的取值范围是 0x0001～0xFF00）。修改完 PAN ID 后，再修改使用的频道（频道取值范围是 11～26），PAN ID 和频道都修改完成后断电。

（3）将需要加入这个协调器所要构建的 ZigBee 网络的路由器节点的 PAN ID 改为与这个协调器相同的 PAN ID 值。

路由器节点加入网络有两种方法：

1）如果 PAN ID ≠ 0xFFFF，则寻找具有相同 PAN ID 的网络加入；

2）如果 PAN ID = 0xFFFF，则自动寻找任何网络加入。

修改完路由器的 PAN ID 后，再修改路由器使用的频道（应该与协调器相同），然后断电。

（4）将所有要加入这个网络的其他的路由器按第（3）步所述方法修改 PAN ID 和频道，然后断电。

（5）首先打开协调器的电源，这时协调器节点的一个 LED 信号灯长亮，另一个 LED 信号灯闪烁，表示在建立 ZigBee 网络过程中。

（6）再打开其他路由器的电源，这些路由器节点的两个 LED 信号灯闪烁，表示在寻找并加入 ZigBee 网络过程中。经过 2~4 s，路由器节点可以自动加入网络，加入网络后，两个 LED 信号灯长亮。

ZigBee 网络组网的基本操作如图 1-4 所示。

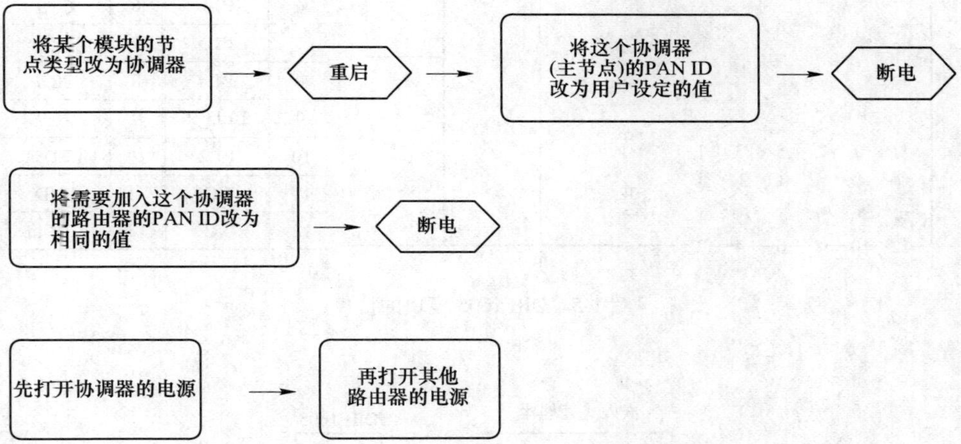

图 1-4 ZigBee 网络组网的基本操作

只要在使用过程中修改了 PAN ID 值，就需要重启该节点，无论修改前后的 PAN ID 值是否相同。

1.4 DRF1605 的接口信号

DRF1605 模块有 J1 和 J2 两个连接接口，其通过这两个接口可以连接到嵌入式系统（单片机系统）中，接口如图 1-5 所示。

嵌入式系统（单片机）利用 J2 的 RX、TX 与 DRF1605 进行数据传送。在完成 DRF1605 配置和组网后，嵌入式系统将要发送的数据，按照 ZigBee 约定的数据格式传送给 ZigBee 模块，然后启动 ZigBee 模块的无线收发功能进行数据的收发。数据传输既可以采用透明传输方式，也可以采用点对点的传输方式。DRF1605 与处理器数据传送的基本连接如图 1-6 所示。

除了数据传输必须使用的 TX、RX、GND 信号外，DRF1605 的其他信号可按需要进行连接，例如：

（1）LED_1 和 LED_2 连接 LED 信号灯；

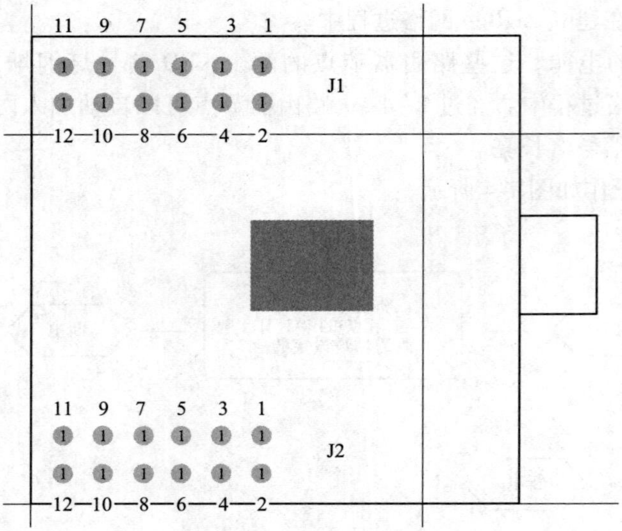

J1		J2	
1	Debug_D	1	Reset_N
2	Debug_C	2	P0.0
3	P1.7	3	SW1
4	P2.0	4	RX
5	P1.5	5	TX
6	P1.6	6	CTS
7	P1.3	7	RTS
8	P1.4	8	P0.6
9	LED_2	9	P0.7
10	P1.2	10	LED_1
11	NC	11	GND
12	NC	12	3.3V In

图 1-5 DRF1605 模块的接口

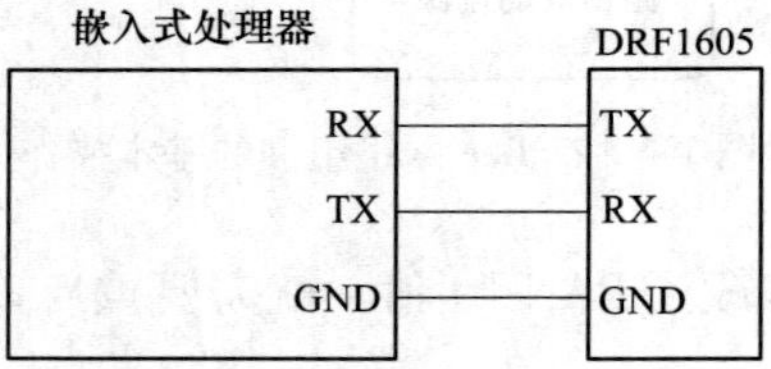

图 1-6 嵌入式处理器与 DRF1605 连接

（2）Reset_N 为 DRF1605 的复位输入信号；

（3）Debug_D 为调试接口的数据线，Debug_C 为调试接口的时钟线，分别接到 CC2530 下载/调试器的对应引脚；

（4）SW1 为 DRF1605 的测试信号输入接口，可以接一个按钮开关，也可以连接到嵌入式处理器的一个 GPIO 引脚由嵌入式处理器产生测试脉冲；

（5）PX. Y 为 CC2530 的通用 I/O 引脚，可按需要连接。

1.5 数据传输

DRF 系列 ZigBee 模块有两种数据传送方式：数据透明传输方式和点对点数据传输方式。

1.5.1 数据透明传输

数据透明传输是 DRF 系列模块最重要的功能。

只要传送的第一个字节（报文的第一个字节）不是 0xFE、0xFD 或 0xFC，则自动进入数据透明传输方式。另外只要数据包的头与设置指令不一样，也会当成数据透明传输，但建议用户将数据透明传输的数据包第一个字节设定为非 FE、FD 或 FC，如 A7 等。

在透明传输方式时，如果协调器从串口接收到了数据，则协调器自动利用无线电将所接收到的数据发送给所有的节点（广播方式），如图 1-7 所示。

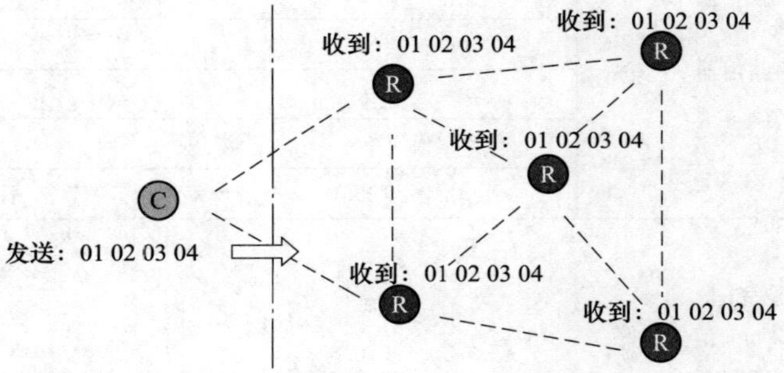

图 1-7 透明传输示意图（C 到 R 的透明传输）

其个路由器节点 A 从串口接收到了数据，则该路由器节点自动利用无线电将数据发送到协调器，其他处于 A 到协调器传输路径中的路由器，只进行转发而不接收解释数据，如图 1-8 所示。

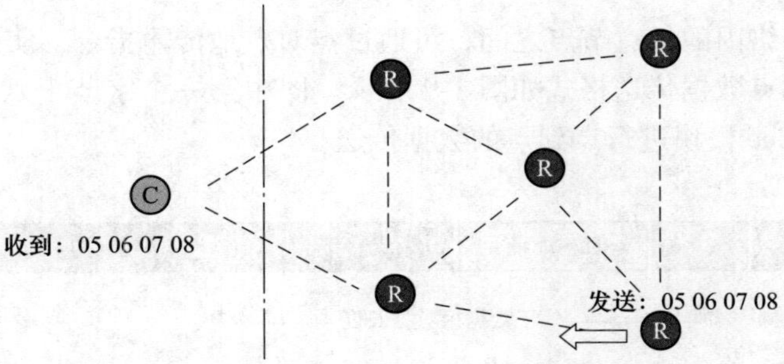

图 1-8 透明传输示意图（R 到 C 的透明传输）

支持数据包变长（无须设置），最大不超过 256 byte/数据包，一般应用建议每个数据包在 32 byte 之内。制造厂给出的 DRF1605 在数据透明传输的性能见表 1-1。

表 1-1 透明传输性能

数据传输方向	数据包长度/byte	最快间隔/ms
路由器→协调器	16	20
	32	20
	64	20
	128	50
	256	200
	>256	不能传输
协调器→路由器	16	100
	32	100
	64	100
	128	200
	256	500
	>256	不能传输

测试条件：
（1）室温，实验室；
（2）模块间距 2 m，信号良好；
（3）串口波特率 38400；
（4）连续发送、接收 100 k 字节，无误码，连续测试 10 次；
（5）测试软件：串口调试助手 SSCOM3. 2。

随着传输距离的增大，传输速率会降低。

1.5.2 点对点数据传输

ZigBee 网络内的任意节点之间，可通过点对点地传输指令，实现点到点的数据传送。点到点数据传送格式如图 1-9 所示。图中第一个字节十六进制数 0xFD，就是告诉 ZigBee 模块进行点到点的数据传送。

图 1-9 点到点数据传送格式

DRF1605 是使用 CC2530 为核心的 ZigBee 模块。CC2530 片具有地址匹配（或叫地址过滤）功能，当设置启用该功能时，接收模块会在硬件层进行地址匹配识别，对于不是发给自己的数据，除了由路由控制进行转发外，不进行其他处理。DRF1605 运行 TI 的 ZigBee 协议栈，该协议栈实际上是一个具有 ZigBee 协议功能的微型操作系统，能处理 ZigBee 协议命令，根据命令进行 CC2530 相应硬件层的驱动。报文的第一字节 0xFD 就是命令字，告诉 ZigBee 模块执行什么类型的传送。更详细的信息请参阅 CC2530 数据手册和 TI-ZigBee 协议栈相关说明文档。例如，发送如图 1-10 所示数据（假设发送节点地址为 0x50F5），图中，FD 表示点到点数据传输指令；0A 表示数据区数据长度，共 10 个字节；14 3E 为目标地址；01 02 03 04 05 06 07 08 09 10 为数据。

FD	0A	14	3E	01	02	03	04	05	06	07	08	09 10

图 1-10　点到点传输发送端数据

点到点传输示意图如图 1-11 所示。

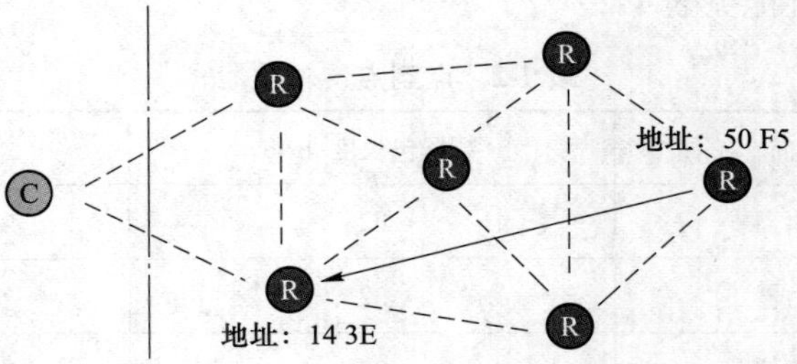

图 1-11　点到点传输示意图

接收方接收到发送方的全部数据，并在最后增加来源地址（2 个字节），点到点传输时接收节点接收到的数据格式如图 1-12 所示。

图 1-12　点到点传输时接收节点接收到的数据格式

例如，针对图 1-10 的数据，接收端收到的数据如图 1-13 所示。图中，FD 表示数据传输指令；0A 表示数据区数据长度，共 10 个字节；14 3E 表示发送方的目标地址，即接收方本身地址；01 02 03 04 05 06 07 08 09 10 为数据；50 F5 表示发送方的地址，即数据来源地址。

FD	0A	14	3E	01	02	03	04	05	06	07	08	09	10	50	F5

图 1-13 点到点传输接收端数据格式

对于点到点传输，需要注意以下几点：

(1) 点对点数据传输既可以在网络内协调器与路由器之间进行，也可以在路由器与路由器节点之间进行；

(2) 注意长度字节一定要等于数据区数据长度，否则数据传输出错（当成透明传输，发送给了协调器）；

(3) 数据区数据最多 32 byte，否则数据传输出错（当成透明传输，发送给了协调器）；

(4) 目标地址为“FF FF”，则为广播发送，会发送至网络内所有节点；

(5) 目标地址为“00 00”，则发送给协调器节点。

点到点传输性能见表 1-2。

表 1-2 点到点传输性能

数据传输方向	数据包长度/byte	最快间隔/ms
路由器→路由器	32	40
协调器→路由器	32	40
路由器→协调器	32	40

测试条件：

(1) 室温，实验室；

(2) 模块间距 2 m，信号良好；

(3) 串口波特率 38400；

(4) 连续发送、接收 100 k 字节，无误码，连续测试 10 次；

(5) 测试软件：串口调试助手 SSCOM3. 2。

1.6 DRF 系列 ZigBee 模块的设置命令

除了使用配置软件对 DRF1605 等 ZigBee 模块进行设置外，还可以由嵌入式系统（单片机）利用串行通信口通过传送设置命令对 DRF1605 进行设置（或改变 DRF1605 的设置）。部分设置命令见表 1-3。

表 1-3 ZigBee 模块设置命令

序号	指令	功能	返回	是否需要重启
1	FC 02 91 01 XX XX XY （XY=前 6 个字节的和，保留低 8 位，下同）	设定模块的 PAN ID 为特定值 XX XX： （1）如果将模块的 PAN ID 设定为 FF FF： 1）如果是协调器，重启后自动产生一个新的 PAN ID； 2）如果是路由器，重启后自动寻找新的网络加入，不可以设定为 FF FE。 （2）重设 PAN ID 后（或同样的值重设后）： 1）如果是协调器，会清除已加入网络的节点； 2）如果是路由器，清除已加入的网络，重新寻找并加入网络	XX XX，例如：输入 FC 02 91 01 12 34 D6，返回 12 34	是
2	FC 00 91 03 A3 B3 XY	读取模块的 PAN ID 值	模块的 PAN ID 值： （1）如果路由器还没加入网络，读取的值为 FF FE； （2）协调器读取为设定值	否
3	FC 00 91 04 C4 D4 XY	读取模块的 ShortAddress（模块在网络内的地址）	模块在网络内的地址： （1）如果模块还没有加入网络，读取的值为 FF FE； （2）协调器的地址永远是 00 00	否

续表 1-3

序号	指令	功能	返回	是否需要重启
4	FC 01 91 06 XX F6 XY	设置模块的串口波特率 XX=01：设定为 9600 XX=02：设定为 19200 XX=03：设定为 38400 XX=04：设定为 57600 XX=05：设定为 115200 XX =其他	XX = 01，返回 00 00 09 06 00 00 XX = 02，返回 00 01 09 02 00 00 XX = 03，返回 00 03 08 04 00 00 XX = 04，返回 00 05 07 06 00 00 XX = 05，返回 01 01 05 02 00 00	是
5	FC 00 91 07 97 A7 XY	测试串口波特率	如果串口波特率正确，返回：01 02 03 04 05；如果串口波特率错误，无返回	否
6	FC 00 91 08 A8 B8 XY	读取模块的 MAC 地址	8 个字节的 MAC 地址，如：00 12 4B FF 56 78 FE FF	否
7	FC 00 91 09 A9 C9 XY	将模块设定为协调器 （同时 PAN ID 改为默认值：19 9B）	如果设定正确，返回：43 6F 6F 72 64 3B 00 19	是
8	FC 00 91 0A BA DA XY	将模块设定为路由器 （同时 PAN ID 改为默认值：19 9B）	如果设定正确，返回：52 6F 75 74 65 3B 00 19	是
9	FC 00 91 0B CB EB XY	读取模块的节点类型	如果是协调器，返回：43 6F 6F 72 64 69；如果是路由器，返回：52 6F 75 74 65 72	否

续表 1-3

序号	指令	功能	返回	是否需要重启
10	FC 01 91 0C XX 1A XY	设置模块的无线频道 XX=0B：设定为 Channel 11，频率：2405 MHz XX=0C：设定为 Channel 12，频率：2410 MHz XX=0D：设定为 Channel 13，频率：2415 MHz XX=0E：设定为 Channel 14，频率：2420 MHz XX=0F：设定为 Channel 15，频率：2425 MHz XX=10：设定为 Channel 16，频率：2430 MHz XX=11：设定为 Channel 17，频率：2435 MHz XX=12：设定为 Channel 18，频率：2440 MHz XX=13：设定为 Channel 19，频率：2445 MHz XX=14：设定为 Channel 20，频率：2450 MHz XX=15：设定为 Channel 21，频率：2455 MHz XX=16：设定为 Channel 22，频率：2460 MHz XX=17：设定为 Channel 23，频率：2465 MHz XX=18：设定为 Channel 24，频率：2470 MHz XX=19：设定为 Channel 25，频率：2475 MHz XX=1A：设定为 Channel 26，频率：2480 MHz	XX = 0B，返回 00 08 00 00 0B XX = 0C，返回 00 10 00 00 0C XX = 0D，返回 00 20 00 00 0D XX = 0E，返回 00 40 00 00 0E XX = 0F，返回 00 80 00 00 0F XX = 10，返回 00 00 01 00 10 XX = 11，返回 00 00 02 00 11 XX = 12，返回 00 00 04 00 12 XX = 13，返回 00 00 08 00 13 XX = 14，返回 00 00 10 00 14 XX = 15，返回 00 00 20 00 15 XX = 16，返回 00 00 40 00 16 XX = 17，返回 00 00 80 00 17 XX = 18，返回 00 00 00 01 18 XX = 19，返回 00 00 00 02 19 XX = 1A，返回 00 00 00 04 1A	是

续表 1-3

序号	指令	功能	返回	是否需要重启
11	FC 00 91 0D 34 2B XY	读取模块的无线频道	Channel 11，返回 00 00 08 00 52 0B Channel 12，返回 00 00 10 00 52 0C Channel 13，返回 00 00 20 00 52 0D Channel 14，返回 00 00 40 00 52 0E Channel 15，返回 00 00 80 00 52 0F Channel 16，返回 00 01 00 00 52 10 Channel 17，返回 00 02 00 00 52 11 Channel 18，返回 00 04 00 00 52 12 Channel 19，返回 00 08 00 00 52 13 Channel 20，返回 00 10 00 00 52 14 Channel 21，返回 00 20 00 00 52 15 Channel 22，返回 00 40 00 00 52 16 Channel 23，返回 00 80 00 00 52 17 Channel 24，返回 01 00 00 00 52 18 Channel 25，返回 02 00 00 00 52 19 Channel 26，返回 04 00 00 00 52 1A	否

DRF1605 是以 CC2530 为核心的 ZigBee 模块，CC2530 集成了一个增强功能的 51 单片机兼容处理器和一个无线电收发电路，在 DRF1605 中，制造商已经设计了一个程序运行 ZigBee 协议栈，这个程序还能够对表 1-3 中的命令进行解释，执行对应的功能。如果没有这个协议栈，就需要直接对 CC2530 物理层的寄存器进行操作。

思 考 题

1-1 简述 ZigBee 网络的特点。

1-2 简述 ZigBee 网络的组网过程。

1-3 简述 DRF 系列 ZigBee 模块两种数据传送方式的特点。

2 无线传感器网络的设计方法

本章以电压测量装置的设计为例，介绍无线传感器网络的基本设计方法。电压测量是其他电信号测量的基础，各种非电信号（例如应变量/形变量、温度、光照、磁场、拉力/压力、振动、湿度、气体浓度、溶液浓度等）都可以利用传感器和基本电路转换为电压量进行测量，电阻、电流、电感、电容等电参数也可以用电路转换为电压量进行测量。

2.1 设计目标

设计目标如下。

（1）两路电压输入：第一路 DC 0~0.6 V；第二路 DC 0~3 V。

（2）显示：LCD 字符显示。

（3）工作电源：DC 8~12 V 不稳压直流电源。

（4）处理器：STM32F103RCT6，使用处理器片内 ADC。

（5）能够利用 ZigBee 模块进行数据传输。

2.2 测量原理

被测量信号是模拟信号，而计算机系统内部只能处理二进制（二进制编码）的数字信号，这就需要利用电路将模拟信号转换为数字信号。将模拟信号转换为数字信号的电路叫作 ADC 电路。对于一般 ADC 电路，待转换的输入电压 U_{AD} 与输出数字信号 N_{AD} 具有线性关系，见式（2-1）。

$$N_{AD} = AU_{AD} + B \tag{2-1}$$

对于特定的 ADC，A 和 B 是常系数。ADC 电路需要一个基准电压源U_{REF}，对于 STM32F103RCT6 处理器的片内 ADC，它的基准电源就是 3.3 V 工作电源，即 $U_{REF} = 3300$ mV，具有 12 位分辨率，在 $U_{AD} = 0$ 时 $N_{AD} = 0$，在 $U_{AD} = 3300$ mV 时 $N_{AD} = 4095$，输出数字量 N_{AD} 与输入到 ADC 的模拟电压 U_{AD} 的关系见式（2-2）。

$$N_{AD} = \frac{U_{AIN}}{U_{REF}} \times 4095 \approx \frac{4096}{3300} \times U_{AD} = \frac{1024}{825} \times U_{AD} \tag{2-2}$$

为了充分利用 ADC 的性能，对于被测信号 U_I，应该经过增益（放大倍数）为 K

的信号调理电路，使得输入到 ADC 电路的 $U_{AD} = KU_I$ 在 U_I 最大时达到 ADC 的满量程输入信号。经过调理后，被测信号 U_I 与 ADC 输出数字量 N_{AD} 的关系见式（2-3）。

$$N_{AD} = \frac{1024}{825} \times U_{AD} = \frac{1024}{825} \times KU_I \tag{2-3}$$

在计算机测量装置中，能够通过计算机直接读取的信息是 U_{AD} 经转换后的数字信号 N_{AD}，因此需要利用数字信息 N_{AD} 计算出被测模拟电压 U_{AD}，然后送到数字显示装置上显示被测电压。可以利用式（2-4）依据 N_{AD} 计算被测信号 U_I。

$$U_I = \left(\frac{825}{K} \times N_{AD}\right) \Big/ 1024 \tag{2-4}$$

U_I 值转换为十进制送到数字显示器上显示。式（2-4）除以 1024（2^{10}）的目的是可以利用右移位运算快速实现除法运算。

2.2.1 第一路电压测量

第一路电压测量，输入电压 0~0.6 V，处理器 STM32F103RCT6 片内 ADC 的满量程输入电压就是基准电压 $U_{REF} = 3300$ mV，因此该路电压应该经过放大后，再送 ADC 转换，放大倍数 $K = 3000/600 \sim 3300/600 = 5 \sim 5.5$ 倍。本例选择 $K = 5$。经放大倍数 $K = 5$ 的放大电路放大和缓冲后送到 STM32F103RCT6 的 ADC_IN0。送到 ADC 电路的电压见式（2-5）。

$$U_{AIN1} = 5U_1 \tag{2-5}$$

由 STM32F103RCT6 片内 12 位 ADC 转换得到的数字量 N_{AD1} 见式（2-6）。

$$N_{AD1} = \frac{1024}{825} \times 5U_1 \tag{2-6}$$

处理器能够读取到 ADC 后的数字量 N_{AD1}，利用 N_{AD1} 计算电压 U_1 并显示在 1602 的第一行，显示符号 U_1 = * * * * mV。

从式（2-6）可以得到利用 N_{AD1} 计算 U_1 的公式，见式（2-7）。

$$U_1 = \left(\frac{825}{5} \times N_{AD1}\right) \Big/ 1024 \tag{2-7}$$

式（2-7）中的 5 是放大电路的放大倍数 $K = 5$。

2.2.2 第二路电压测量

第二路电压测量，输入电压 0~3 V。直接通过 1∶1($K=1$）的放大器缓冲后送到 ADC 的 AIN2 端，$U_{AIN2} = U_2$，U_2 转换得到的数字量 N_{AD2} 见式（2-8）。

$$N_{AD2} = \frac{1024}{825} \times U_2 \tag{2-8}$$

我们需要利用 ADC 值 N_{AD2} 计算电压 U_2 并显示在 1602 的第二行，显示符号 U_2 = *. * * V。利用 N_{AD2} 计算 U_2 的公式见式（2-9）。

$$U_2 = \left(\frac{825}{1} \times N_{AD2}\right) \bigg/ 1024 \qquad (2\text{-}9)$$

式（2-9）中的 1 是放大电路的放大倍数 $K=1$。

实际上式（2-7）和式（2-9）的形式完全相同，只是放大倍数 K 不同。在设计程序时，将 N_{AD}、K 作为电压计算函数 Calculat_U（int k，int nux）的两个参数，可以用统一的公式计算待测电压 U_I，见式（2-10）。

$$U_I = \left(\frac{825}{K} \times N_{AD}\right) \bigg/ 1024 \qquad (2\text{-}10)$$

测试环境除了被测信号 U_I 外，还存在干扰信号。干扰信号既可能来自测量装置外部，例如电网工频电源的电磁干扰、无线通信系统的电磁干扰、汽车等火花塞的电磁脉冲干扰、电源线引入的干扰等，也可能来自测量装置的内部，例如数字逻辑电路在电源和地线上产生的干扰信号、放大电路的漂移、振荡、电源的波动等。还有一些干扰信号是环境变化造成的，例如温度变化、湿度变化、粉尘、光照度变化等。干扰信号会造成测量误差，为了减小随机干扰信号对测量的影响，计算机测量系统中可以使用数字滤波算法。最简单的数字滤波算法之一是算术平均值滤波算法，即对被测信号，每间隔 ΔT 时间，对被测信号连续进行 n 次测量得到 n 个 AD 值 $N_{AD}(i)\,(i=1,\ 2,\ \cdots,\ N)$，对这 N 个 AD 值求算术平均值，见式（2-11）。

$$N_{AD} = \frac{1}{n}\sum_{i=1}^{n} N_{AD}(i) \qquad (2\text{-}11)$$

在实际测量系统中，应根据被测信号和噪声的不同特征，使用不同的数字滤波算法，以获得期望的抗干扰性能。

2.3 电路设计

电路原理框图如图 2-1 所示，利用 STM32F103RCT6 和 DRF1605 模块即可实现设计目标。

扫描二维码可查看一个使用 ARM-Cortex-M3 核嵌入式处理器 STM32F103RC 设计的嵌入式系统电路图，图中主要接口介绍如下。

电路图

（1）LCD1 为 1602 字符 LCD 接口，原理如图 2-2 所示。

（2）LCD2 为 12864 图形点阵 LCD 接口，原理如图 2-3 所示。

（3）JAD 为两路内部带缓冲放大的模拟量输入接口，模拟输入信号 U_1 为差分输入，内部有 5 倍的放大（可通过改变电阻值修改），接 STM32F103 的 PA0（ADC1_IN0）；模拟信号 U_2 内部放大倍数为 1，接 STM32F103 内部 PA1（ADC1_IN1）。

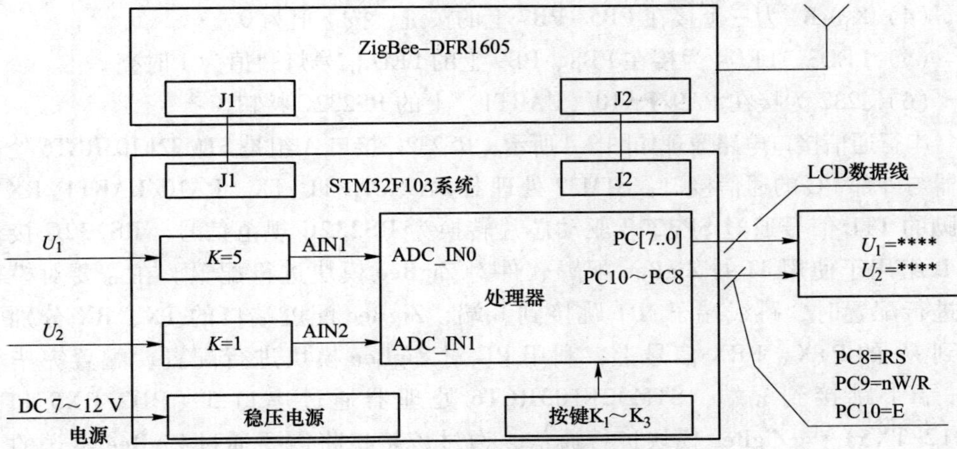

图 2-1　电路原理框图

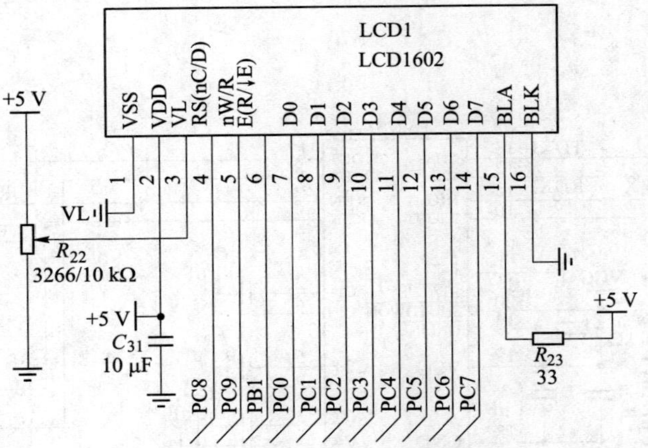

图 2-2　LCD1602 接口电路原理

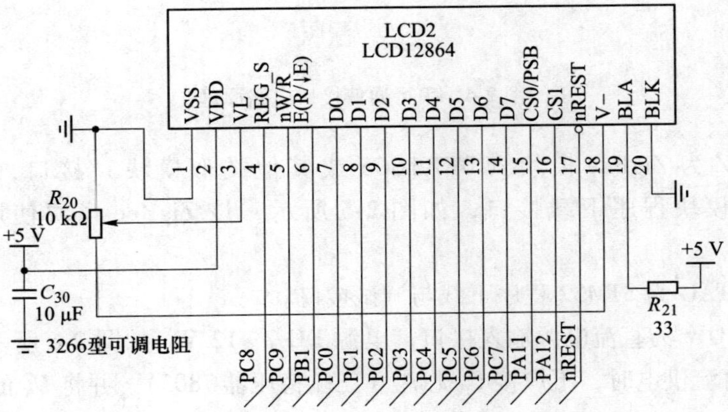

图 2-3　LCD12864 接口电路原理

（4）K_1 ~ K_3 为三个接在 PB5 ~ PB7 上的按键，按下值为 0。

（5）LED3、LED4 为接在 PB8、PB9 上的 LED 信号灯，值为 1 时亮。

（6）J232 为接在 PA9/PA10（UART1）上的 RS232C 接口。

串行通信接口电路原理如图 2-4 所示，RS232C 接口 A 组是 STM32F103RCT6 处理器与外部 PC 的通信接口，STM32 处理器 PA9/UART1_TX、PA10/UART1_RX 引脚的 TTL 信号通过 SP3223 驱动芯片转换为 RS232C 规范信号。RS232C 接口 B 组用于使用 TI 的 ZigBee 配置软件对 ZigBee 模块进行配置。在需要对模块进行配置时，跳线端子 JP1 跳接到 b 端，ZigBee 配置端口的 TX、RX 分别接到 U_2 的 PTX、PRX 信号上，利用 PC 对 ZigBee 模块进行配置。配置完毕后，JP1 跳接到 a 端，STM32F103RCT6 处理器通过串口 5（PD2/RX5 和 PC12/TX5）与 ZigBee 模块进行通信，通过该接口将需要通过 ZigBee 发送的数据传送给 ZigBee 模块，或者将 ZigBee 模块接收到的无线传输数据传送给 STM32 处理器。

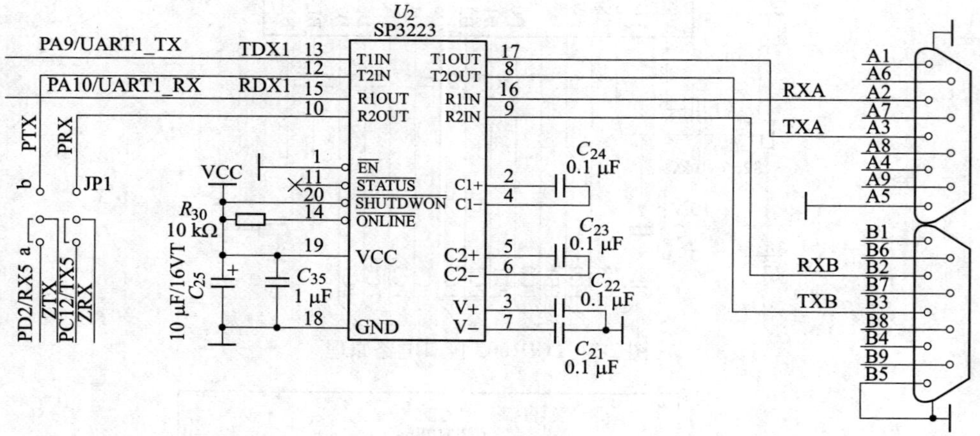

图 2-4　串行通信接口电路原理

（7）JZ 为 ZigBee 模块（DFR1605 或其他类似模块）接口，JZD 为 TI 的 ZigBee 模块程序下载接口，如图 2-5 所示，该 ZigBee 模块使用 CC2530 芯片。

（8）JTAG 为 STM32 程序下载与调试接口。

（9）POW 为直流电源输入接口，电源 DC 7 ~ 12 V，如图 2-6 所示。当使用 4.5 ~ 5 V 直流供电时，不焊接 U_3 芯片（三端稳压器 7805），并将 U_3 的 1 ~ 3 引脚短接。

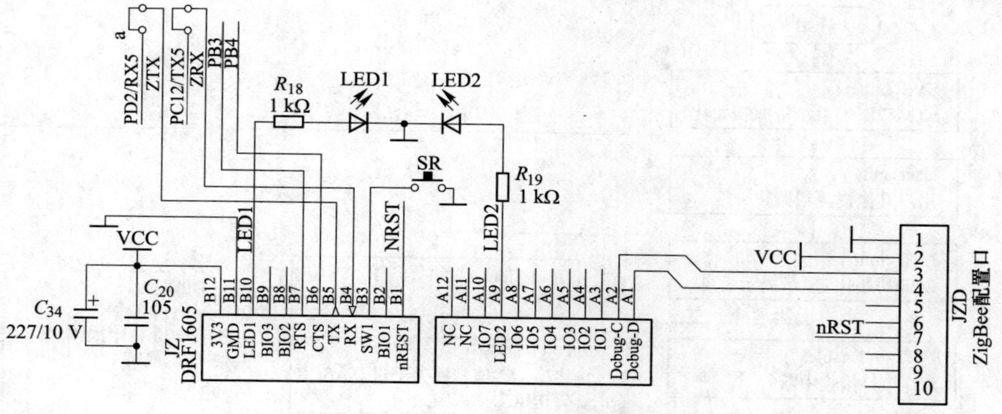

图 2-5　ZigBee 模块接口电路原理

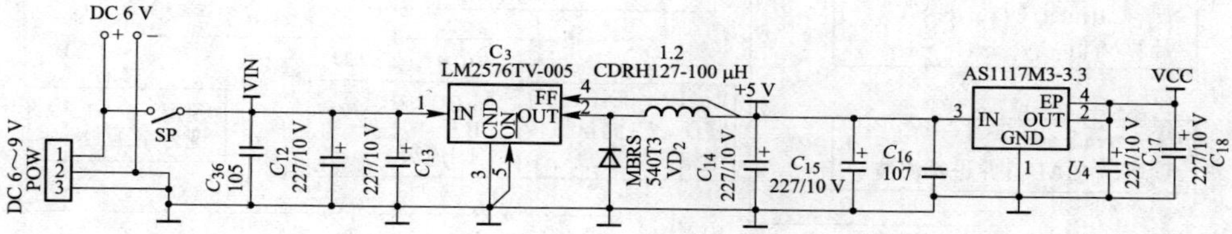

图 2-6　电源电路原理

2.4 程序设计

2.4.1 主程序

主程序的主要功能是对 STM32F103RCT6 的系统进行初始化，配置 STM32F103RCT6 的 ADC、DMA、GPIO 等片内资源，初始化 1602LCD16 模块，启动 ADC 对 2 路输入进行采样并用 DMA 将 ADC 值存入 adc_mem 数组，读取 ADC 值并进行滤波，计算电压值，在 LCD 上显示温度。主程序流程框图如图 2-7 所示。

嵌入式处理器完成电压测量、显示，允许串口接收中断。当串口接收到物联网上层节点通过 DRF1605 发送过来的命令时，识别命令并执行命令规定的操作。当前只用 LED 信号灯闪烁、发送数据两个命令，其他命令作为预留。

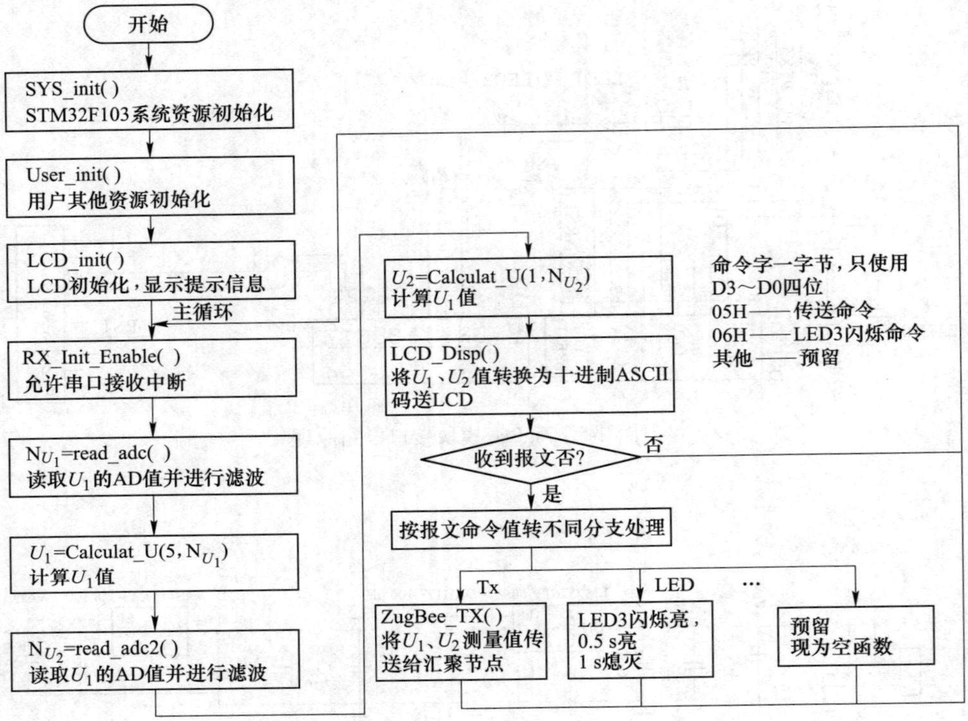

图 2-7 主程序流程框图

在使用 KeilμVision4 进行程序设计时，可以使用 KeilμVision4 提供的引导程序 startup. s 和 system_stm32f10x. c，上电后首先执行汇编语言编写的启动程序 startup. s 进行堆栈、中断向量和时钟等最基本的配置与初始化，然后转入 system_stm32f10x. c 从_main（这个_main 是 system_stm32f10x. c 的入口点，不是用户的 main）开始进行进一步配置与初始化配置，执行完这些功能后，转入用户的 main 函数执行用户应用程序。用户程序进行应用资源的配置与初始化，实现应用程序的功能。在 KeilμVision4 的示例工程中文件结构如图 2-8 所示。

该示例的应用程序在 ST 公司提供的 STM32F10X 固件库函数支持下，在 Keil μVision4 环境下使用 C 语言编写，运行效果如图 2-9 所示。

主程序名为 main。主函数 main( ) 由 SYS_init( )、User_init( )、LCD_init( )、read_adc( )、DMA_Config( )、ADC_Config( )、Calculat_U( )、LCD_Disp( )、ZigBee 发送函数 ZigBee_TX( )、LED3 闪烁控制程序 LED3_san( ) 等函数构成。一种在 KeilμVision4 下用 C 语言编写的主函数代码如下。

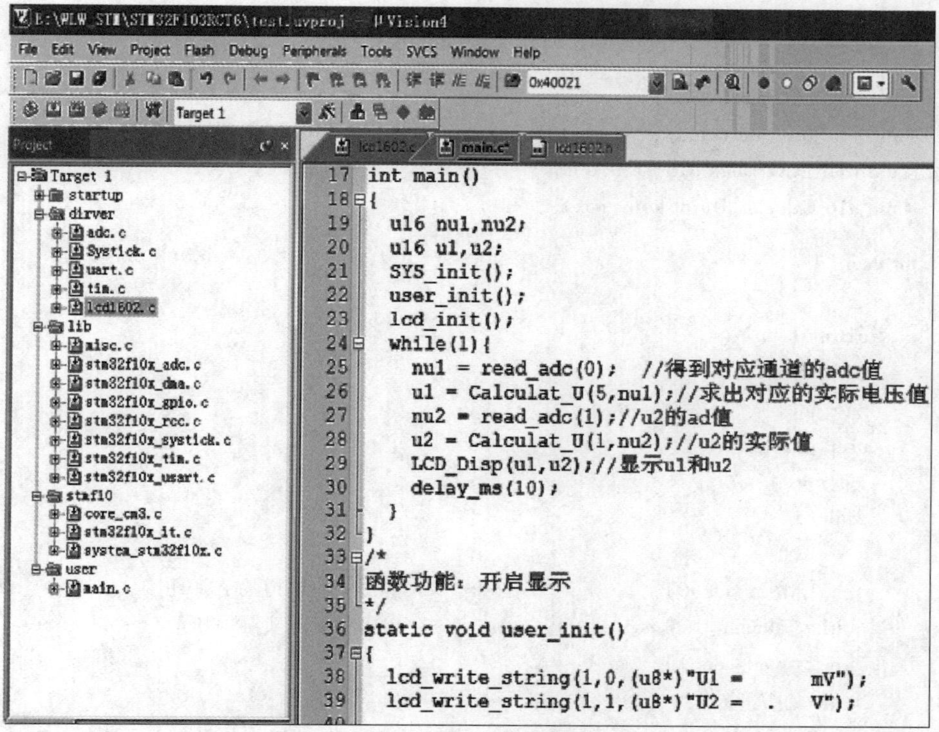

图 2-8　工程文档结构

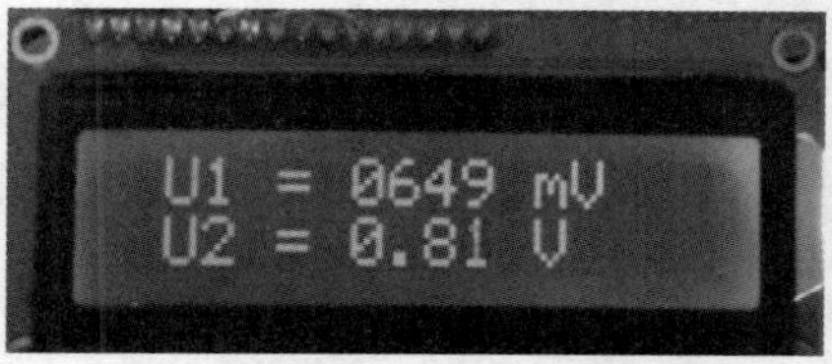

图 2-9　电压测量装置设计示例运行效果

```
/*-----------------------------------------------------------------------
// 1. 主函数 main.c
-----------------------------------------------------------------------*/
#include <stdio.h>
#include "adc.h"
#include "tim.h"
#include "Systick.h"
#include "lcd1602.h"

u8 u1buffer[4]={0}; //存放 U1 值用于显示的缓冲数组
```

```
u8 u2buffer[3] = {0};                          //存放 U2

static void SYS_init(void);
static void user_init(void);
static void LCD_Disp(u16 u1,u16 u2);
static u16 Calculat_U(int k,int nux);

int main()
{
    u16 nu1,nu2;
    u16 u1,u2;
    SYS_init();
    user_init();
    lcd_init();
    while(1)
    {
      nu1=read_adc(0);                         //得到对应通道的 AD 值
      u1=Calculat_U(5,nu1);                    //求出对应的实际电压值
      nu2=read_adc(1);                         //U2 的 AD 值
      u2=Calculat_U(1,nu2);                    //U2 的实际值
      LCD_Disp(u1,u2);                         //显示 U1 和 U2
    If RX-Flg=1
      {
        Cmd_val=&0x0F;
        switch  (cmd_Val)
        case 0x05
        {
          ZigBee_TX (   );
          Break;
        }
        case  0x06
        {
          led3_san( );
        }
        other
        {
          no_op( );
        }
      }
```

```
        delay_ms(10);
    }
}
```

2.4.2　读取 AD 值程序

使用STM32F103RCT6 片内 12 位 ADC，在 ADC 配置函数 ADC_Config（ ）中配置 ADC1_Channel1 和 ADC1_Channel2 为两通道独立工作，软件触发连续扫描转换方式，设置并启动两通道的 DMA 传输，DMA 将 AD 值存放在 adc_mem 数组中，符号 ADC_LEN = 8 是预定义的符号常数，它表示每个通道的 AD 值个数，两个通道总个数 2 * ADC_LEN = 16。这样用 DMA 方式在数组 adc_mem 存储的 AD 值，是两通道交替存储并由 DMA 控制自动构成循环队列（第一次存放通道 0，第二次存放通道 1，下一个数据又是通道 0 的新采集数据，…，存满后，又循环回数组的头继续循环存放），队列中保存的是 2 * ADC_LEN 个最新 AD 值，旧的数据自动被新的数据替换。所需要的数据是送到 ADC1_Channel2（ADC1_IN2，即 PA1 引脚的电压信号），ADC1_Channel2 的 8 个 AD 值分别存放在 adc_mem [1]，adc_mem [3]，…，adc_mem [15] 中。读取 AD 值并进行平均值滤波，见式（2-12）。

$$N_{AD} = \frac{1}{8}\sum_{i=1}^{8} N_{AD}(i) \tag{2-12}$$

相应的程序流程框图如图 2-10 所示，程序参考代码如下。

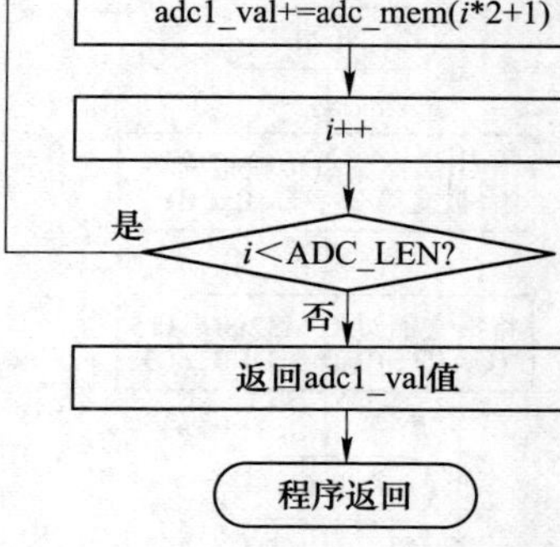

图 2-10　ADC 读取与滤波程序流程

```
/*-----------------------------------------------
//读 AD 值函数,ADC_LEN 是数组中每个通道 AD 值个数,它是预定义的符号常数
//通道 0 从 adc_mem[2*i+0]读取 8 个 AD 值
//下一通道 1 从 adc_mem[]数组中 2*i+1 位置取出 ADC_LEN 个 AD 值进行平均值滤波
//对于通道 channel,则是从 adc_mem[2*i+channel]读取 ADC_LEN 个数据
//ADC_LEN 是预定义常数
//SDC_LEN=2^ADC_NUM
//ADC_NUM 也是预定义的常数
-----------------------------------------------*/
    uint16_t   read_adc( channel)
    {
      uint16_t adc_val=0;
      int i;
      for(i=0;i<ADC_LEN;i++)
      {
        adc_val=adc1_val+adc_mem[(i*2)+channel];
      }
      adc1_val=adc1_val<<ADC_NUM;
      return adc_val;
    }
```

2.4.3　电压计算函数

计算电压值程序 Calculator（int k，int nux）按照式（2-4）编写，函数的输入参数为该通道的放大倍数 K 和由 read_adc（）函数返回的该通道 AD 值 N_{AD}。

2.4.4　ZigBee 数据传输程序

点到点信息传送程序流程如图 2-11 所示。

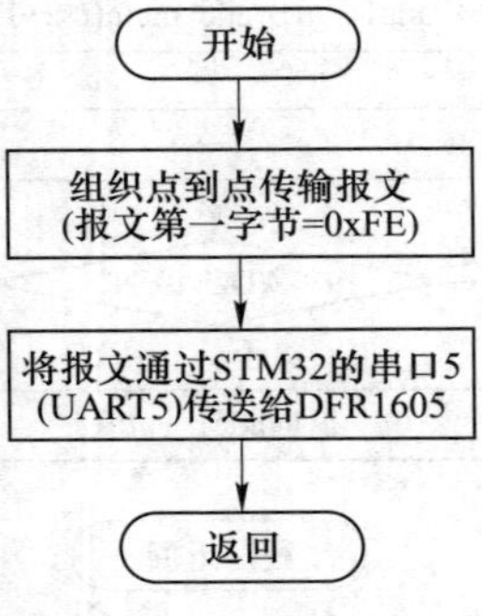

图 2-11　点到点数据传输程序

2.4.5 其他功能程序

其他功能函数与 2.4.1 节类似，均在 ST 公司提供的 STM32F103 库函数支持下编写，具体流程图和设计说明略。

2.5 示例程序代码

一个完整的电压测量程序如下所示，该代码在 ST32F103x 固件库支持下，在 KeilμVision4 下编译。STM32F103 固件库函数使用说明见“STM32F101xx 与 STM32F103xx 固件函数库用户手册”。

```
/*--------------------------------------------------------------------
// 1. 主函数 main. c
--------------------------------------------------------------------*/
#include <stdio. h>
#include "adc. h"
#include "tim. h"
#include "Systick. h"
#include "lcd1602. h"
u8 u1buffer[4] = {0};                    //存放 U1 值用于显示的缓冲数组
u8 u2buffer[3] = {0};                    //存放 U2
static void SYS_init(void);
static void user_init(void);
static void LCD_Disp(u16 u1,u16 u2);
static u16 Calculat_U(int k,int nux);
int main()
{
    u16 nu1,nu2;
    u16 u1,u2;
    SYS_init();
    user_init();
    lcd_init();
    while(1)
    {
      nu1 = read_adc(0);                 //得到对应通道的 ADC 值
      u1 = Calculat_U(5,nu1);            //求出对应的实际电压值
```

```
        nu2=read_adc(1);                          //U2 的 AD 值
        u2=Calculat_U(1,nu2);                     //U2 的实际值
        LCD_Disp(u1,u2);                          //显示 U1 和 U2
        delay_ms(10);
    }
}

/*-----------------------------------------------------------------
//2. 用户初始化函数 user_init()
//函数功能:在 LCD 上显示初始提示符  U1=        ,U2=
//入口参数:无;返回值:无
-----------------------------------------------------------------*/
static void user_init()
{
    lcd_write_string(1,0,(u8*)"U1=        mV");
    lcd_write_string(1,1,(u8*)"U2=    .    V");
}

/*-----------------------------------------------------------------
// 3. 应用系统初始化函数 SYS_init( )
函数功能:资源初始化,包括 ADC 配置、DMA 配置、GPIO 配置
入口参数:无; 返回值:无
-----------------------------------------------------------------*/
static void SYS_init(void)
{
    ADC_Config();
    DMA_Config();
    //Tim2_Config(TWENTYMS);
    delay_us(100);
    gpio_config();
    delay_us(100);
}

/*-----------------------------------------------------------------
    4. ADC 配置
    -----------------------------------------------------------------*/
/*-----------------------------------------------------------------
    4.1    ADC 配置函数头文件 adc.h
    -----------------------------------------------------------------*/
```

```
#ifndef_ADC_H
#define_ADC_H
#include "stm32f10x.h"
#define QUEUE_LEN 16

void ADC_Config(void);
void DMA_Config(void);
uint16_t read_adc(uint8_t channel);

#endif /* __ADC_H */

/*-------------------------------------------------------
4.2  ADC 配置函数 ADC_Config ( )
    设定 ADC 的工作方式、采样时间、通道号等
    (1)入口参数:无        (2)返回值:无
-------------------------------------------------------*/
#include "adc.h"

uint16_t   adc_mem[QUEUE_LEN];   //ADC 缓冲队列(数组)定义
int   ADC_LEN=8;                 //对列长度
int   ADC_NUM=3;                 //相当于除数

void ADC_Config(void)

    ADC_InitTypeDef    ADC_InitStructure;
    GPIO_InitTypeDef      GPIO_InitStruct;
    RCC_APB2PeriphClockCmd(RCC_APB2Periph_GPIOA, ENABLE);
                                          //开启 ADC1 和 GPIOA 的时钟
    RCC_APB2PeriphClockCmd(RCC_APB2Periph_ADC1, ENABLE);
    GPIO_InitStruct.GPIO_Pin=GPIO_Pin_0 | GPIO_Pin_1;
    GPIO_InitStruct.GPIO_Mode=GPIO_Mode_AIN;  //配置 PA1 和 PA2 位模拟输入模式
    GPIO_Init(GPIOA, &GPIO_InitStruct);        //注册到结构体
    ADC_DeInit(ADC1);                           //将 ADC 配置为缺省值
    ADC_InitStructure.ADC_Mode=ADC_Mode_Independent;  //ADC 为独立转换模式
    ADC_InitStructure.ADC_ScanConvMode=ENABLE;  //使能各通道扫描
    ADC_InitStructure.ADC_ContinuousConvMode=ENABLE;  //设置为连续转换模式
    ADC_InitStructure.ADC_ExternalTrigConv=ADC_ExternalTrigConv_None;
                                                //没有外部触发
    ADC_InitStructure.ADC_DataAlign=ADC_DataAlign_Right;  //ADC 数据右对齐
    ADC_InitStructure.ADC_NbrOfChannel=2;    //ADC 通道数为 2 个
    ADC_Init(ADC1, &ADC_InitStructure);  //注册到结构体
```

```
    /* ADC1 regular channels configuration */
    ADC_RegularChannelConfig(ADC1, ADC_Channel_0, 1, ADC_SampleTime_71Cycles5);
    ADC_RegularChannelConfig(ADC1, ADC_Channel_1, 2, ADC_SampleTime_71Cycles5);
    ADC_DMACmd(ADC1,ENABLE);
    /* Enable ADC1 */
    ADC_Cmd(ADC1, ENABLE);
    /* Enable ADC1 reset calibration register */
    ADC_ResetCalibration(ADC1);
    /* Check the end of ADC1 reset calibration register */
    while(ADC_GetResetCalibrationStatus(ADC1));
    /* Start ADC1 calibration */
    ADC_StartCalibration(ADC1);
    /* Check the end of ADC1 calibration */
    while(ADC_GetCalibrationStatus(ADC1));
    ADC_SoftwareStartConvCmd(ADC1, ENABLE);
}

/*---------------------------------------------
//5. DMA 配置
//进行 DMA 配置,启动 ADC 的 DMA 传送功能
-------------------------------------------------------------*/
void DMA_Config(void)
{

    DMA_InitTypeDef      DMA_InitStruct;

    RCC_AHBPeriphClockCmd(RCC_AHBPeriph_DMA1, ENABLE);
    DMA_DeInit(DMA1_Channel1);
    DMA_InitStruct.DMA_PeripheralBaseAddr=(uint 32_t)&ADC1->DR;
                                          //DMA 外设地址为 ADC 的数据寄存器
    DMA_InitStruct.DMA_MemoryBaseAddr=(uint32_t)&adc_mem;
    DMA_InitStruct.DMA_DIR=DMA_DIR_PeripheralSRC; //内存作为数据目的地
    DMA_InitStruct.DMA_BufferSize=QUEUE_LEN ; //DMA 深度为队列的总长度
                                          //这里是 16
    DMA_InitStruct.DMA_PeripheralInc=DMA_PeripheralInc_Disable;//外设地址固定不变
    DMA_InitStruct.DMA_MemoryInc=DMA_MemoryInc_Enable;//内存地址自动修改
    DMA_InitStruct.DMA_PeripheralDataSize=DMA_PeripheralDataSize_HalfWord;
                                               //外设半字长
    DMA_InitStruct.DMA_MemoryDataSize=DMA_MemoryDataSize_HalfWord;
                                               //内存半字长
```

```
    DMA_InitStruct. DMA_Mode = DMA_Mode_Circular;
                              //DMA 循环方式,到达 adc_mem 末地址后自动返回到开始地址
    DMA_InitStruct. DMA_Priority = DMA_Priority_High; //DMA 为高优先级
    DMA_InitStruct. DMA_M2M = DMA_M2M_Disable; //禁止 mem 之间 DMA
    DMA_Init(DMA1_Channel1, &DMA_InitStruct);    //注册到结构体
    DMA_Cmd(DMA1_Channel1, ENABLE);
}

/*--------------------------------------------------
6. STM 32F 103 的 GPIO 配置函数 gpio_config ( )
STM 32F 103 的 GPIO 引脚配置函数 gpio_config ( )
配置 STM32F103RCT6 连接到 LCD 的控制引脚为输出模式
入口参数:无;    返回值: 无
--------------------------------------------------*/
void gpio_config()
{
    GPIO_InitTypeDef GPIO_InitStructure;
    RCC_APB2PeriphClockCmd(RCC_APB2Periph_GPIOC|RCC_APB2Periph_AFIO, ENABLE);
    GPIO_InitStructure. GPIO_Pin = GPIO_Pin_0 | GPIO_Pin_1 |GPIO_Pin_2 | GPIO_Pin_3 |
    GPIO_Pin_4 | GPIO_Pin_5 |GPIO_Pin_6 | GPIO_Pin_7 |GPIO_Pin_8 | GPIO_Pin_9 |GPIO_Pin_10 ;
    GPIO_InitStructure. GPIO_Mode = GPIO_Mode_Out_PP;
    GPIO_InitStructure. GPIO_Speed = GPIO_Speed_50MHz;
    GPIO_Init(GPIOC, &GPIO_InitStructure);
}

/*--------------------------------------------------
7. LCD 操作函数
7.1  LCD 配置函数头文件 lcd1602. h
--------------------------------------------------*/
#ifndef   __LCD1602_H
#define   __LCD1602_H
#include   "stm32f10x. h"

#define   RS_SET GPIO_SetBits(GPIOC,GPIO_Pin_8)
#define   RS_CLR GPIO_ResetBits(GPIOC,GPIO_Pin_8)
#define   RW_CLR GPIO_ResetBits(GPIOC,GPIO_Pin_9)
#define   RW_SET GPIO_SetBits(GPIOC,GPIO_Pin_9)
#define   EN_CLR GPIO_ResetBits(GPIOC,GPIO_Pin_10)
#define   EN_SET GPIO_SetBits(GPIOC,GPIO_Pin_10)
```

```
void lcd_write_char(u8 x,u8 y,u8 data);
void lcd_write_string(u8 x,u8 y,u8 * str);
void lcd_init(void);
void gpio_config(void);
#endif

/*-------------------------------------------------------
7.2  向 LCD 写命令(控制字)函数 lcd_writ_com (com)
(1) 函数功能:向 1602 写命令
(2) 入口参数:com 为命令字.  返回值:无
(3) 时序关系:RS=0,RW=0, EN=高脉冲
-------------------------------------------------------*/
void lcd_write_com(u8 com)
{
    EN_CLR;
    delay_us(1);
    RS_CLR;
    delay_us(1);
    RW_CLR;
    delay_us(10);
    GPIOC->ODR=(GPIOC->ODR&0xFF00)|com;;
    //GPIO_Write(GPIOC,com);
    delay_us(400);
    EN_SET;
    delay_us(400);
    EN_CLR;
    delay_us(300);
}

/*-------------------------------------------------------
7.3  向 LCD1602 写入一个 ASCII 字符函数 lcd_write_ascii(  )
*函数功能 :向 1602 写一个 ascii 码
*入口参数:ascii 码,  返回值:无
*时序关系:RS=1; RW=0; EN=高脉冲
-------------------------------------------------------*/
void lcd_write_ascii(u8 ascii)
{
    EN_CLR;
    delay_us(1);
```

```
    RS_SET;
    delay_us(1);
    RW_CLR;
    delay_us(10);
    GPIOC->ODR=(GPIOC->ODR&0xFF00)|ascii;
    //GPIO_Write(GPIOC,ascii);
    delay_us(300);
    EN_SET;
    delay_us(400);
    EN_CLR;
    delay_us(300);
}
/*------------------------------------------------------------
7.4 向 LCD1602 指定位置写入一个字符函数 lcd_write_char( )
*函数功能 向 1602 指定位置写一个字符
*入口参数:x 横坐标, y 纵坐标, data 写入的字符
------------------------------------------------------------*/
void lcd_write_char(u8 x,u8 y,u8 data)
{
    if(y==0)
    {
        lcd_write_com(0x80+x);
    }
    Else
    {
        lcd_write_com(0xc0+x);
    }
    lcd_write_ascii(data);
    delay_us(500);
}
/*------------------------------------------------------------
7.5 向 LCD1602 指定位置写入一个字符函数 lcd_write_stiing( )
*函数功能 向 1602 指定位置写一个字符串
*入口参数:x 横坐标 y 纵坐标 *str 写入的字符串
------------------------------------------------------------*/
void lcd_write_string(u8 x,u8 y,u8* str)
{
```

```
    if(y==0)    lcd_write_com(0x80+x);
    Else        lcd_write_com(0xc0+x);
    while(*str)
    {
        lcd_write_ascii(*str);
        str++;
        delay_us(500);
    }
}
/*------------------------------------------------------

//7.6  清屏函数
入口参数:无，  返回值:无
------------------------------------------------------*/
void lcd_clear()
{
    lcd_write_com(0x01);
    delay_ms(5);
}
/*------------------------------------------------------
//7.7  初始化函数
//          参照 1602 的说明书的详细介绍,完成 LCD1602 初始化
------------------------------------------------------*/
void lcd_init()
{
    delay_ms(100);
    lcd_write_com(0x38);
    delay_ms(10);
    lcd_write_com(0x38);
    delay_ms(10);
    lcd_write_com(0x38);
    delay_ms(10);
    lcd_write_com(0x38);
    delay_ms(10);
    lcd_write_com(0x08); //开显示
    delay_ms(10);
    lcd_write_com(0x01);
    delay_ms(10);
    lcd_write_com(0x06);
```

```
    delay_ms(10);
    lcd_write_com(0x0c);
    delay_ms(10);
}
/*--------------------------------------------------------------
7.8  LCD 显示函数
(1)  入口参数:电压 U1 和 U2 值
(2)  返回值:无
--------------------------------------------------------------*/
static void LCD_Disp(u16 u1,u16 u2)
{   //U1 显示字符处理,将 U1 转换为十进制数,然后送显示
    u1buffer[0]=u1/1000;//U1 千位
    u1buffer[1]=u1%1000/100;//U1 百位
    u1buffer[2]=u1%100/10;//U1 十位
    u1buffer[3]=u1%10; //U1 个位
    // U2 显示字符处理
    u2buffer[0]=u2/1000;
    u2buffer[1]=u2%1000/100;
    u2buffer[2]=u2%100/10;
    //
    lcd_write_char(6,0,u1buffer[0]+0X30);
    lcd_write_char(7,0,u1buffer[1]+0X30);
    lcd_write_char(8,0,u1buffer[2]+0X30);
    lcd_write_char(9,0,u1buffer[3]+0X30);
    lcd_write_char(6,1,u2buffer[0]+0X30);
    lcd_write_char(8,1,u2buffer[1]+0X30);
    lcd_write_char(9,1,u2buffer[2]+0X30);
    }
/*--------------------------------------------------------------
8. 读取 AD 值函数 read_adc( )
功能:在 DMA 的缓冲队列中取出相应通道的 AD 值求和并且平均值滤波
入口参数 channel   通道值
返回值:滤波后的对应通道的 AD 值
--------------------------------------------------------------*/
uint16_t   read_adc(uint8_t channel)
{
     uint16_t adc_val=0;
     int i;
```

```
    for(i=0;i<ADC_LEN;i++)
    {
        adc_val=adc_val+adc_mem[(i*2)+channel];
    }
    adc_val=adc_val<<ADC_NUM;
    return adc_val&0xfff;
}
/*-----------------------------------------------------------------
9. 电压计算函数 Calculat_U( )
函数功能:计算对应通道的电压值
(1)入口参数:通道 K 放大倍数,通道对应的 AD 值 nux
(2)返回值:对应通道的电压值
----------------------------------------------------------------*/
static u16 Calculat_U(int k,int nux)
{
    u16 u;
    u=(825*nux)/k/1024;
    return u;
}
/*-----------------------------------------------------------------
10. 系统滴嗒时钟(系统周期定时器)配置
10.1  头文件 Systick.h
-------------------------------------------------------------*/
#ifndef__SYSTICK_H
#define__SYSTICK_H
#include "stm32f10x.h"
#define TEN_US SystemCoreClock / 100000       //10μs 中断一次
#define ONE_US SystemCoreClock / 1000000      //1μs 中断一次
#define ONE_MS SystemCoreClock / 1000         //1ms 中断一次

Void SysTick_Init(u32 tmr);
void  delay_us(__IO u32 nTime);
void delay_ms(__IO u32 nTime);
void TimingDelay_Decrement(void);
#endif
/*-----------------------------------------------------------------
10.2  配置函数 Systick.c
-----------------------------------------------------------------*/
```

```
#include "SysTick.h"
u32 TimingDelay;
void SysTick_Init(u32 tmr)
{
    if(SysTick_Config(tmr))
    {
/*SysTick_Config 配置异常时候会返回 1,这样就进入 while(1)死循环,配置正常返回 1*/
        while(1);
    }
    SysTick->CTRL &= ~ SysTick_CTRL_ENABLE_Msk;    //disable systick
}
//****************************************************************
//
//****************************************************************
void delay_us(__IO u32 nTime)
{
    SysTick_Init(ONE_US);
    TimingDelay=nTime;
    SysTick->CTRL |=  SysTick_CTRL_ENABLE_Msk;    //enable systick
    while(TimingDelay != 0);
    SysTick->CTRL &= ~ SysTick_CTRL_ENABLE_Msk;    //disable systick
}
//****************************************************************
//
//=***************************************************************
void delay_ms(__IO u32 nTime)
{
    SysTick_Init(ONE_MS);
    TimingDelay=nTime;
    SysTick->CTRL |=  SysTick_CTRL_ENABLE_Msk;    //enable systick
    while(TimingDelay != 0);
    SysTick->CTRL &= ~ SysTick_CTRL_ENABLE_Msk;    //disable systick
}
//****************************************************************
//
//****************************************************************
void TimingDelay_Decrement(void)
{
```

```
    if (TimingDelay ! = 0x00)
    {
        TimingDelay--;
    }
}
/*---------------------------------------------------------
11. 定时器配置(可根据需要配置)
11.1  头文件 tim.h
---------------------------------------------------------*/
#ifndef _TIM_H
#define _TIM_H
#define   TENMS    71,10000
#define   TWENTYMS 71,20000
#define   ONE_HUNDRED_MS 720-1,10000
#define   FIVE_HUNDRED_MS 7200-1,5000

#include "stm32f10x.h"
void  Tim2_Config(u16 pre,u16 time);
//void NVIC_Config(void);
#endif
/*-----------------------------------------------
11.2 tim.c
---------------------------------------------------------*/
# include "tim.h"
/*-----------------------------------------------
tim2 配置
(1)TIM_Prescaler=7200-1,TIM_Prescaler 为分频数,即对总线时钟的分频,定时器的总线时钟都是 72MHz。如分频数是 7200-1,则进行 7200 分频,得到的计数频率为 10kHz,计数周期为 0.1μs
(2) TIM_Period 为计数周期,即对分频后的定时周期的计数次数,如周期数为 4999,分频数为 7200-1,则最后的定时时间为 5000*0.1μs= 500ms
-----------------------------------------------*/
/*tim2 10ms 中断定时*/
void Tim2_Config(u16 prescaler,u16 time){
    TIM_TimeBaseInitTypeDef   TIM2_TimeBaseStructure;
    NVIC_InitTypeDef NVIC_InitStructure;

    RCC_APB1PeriphClockCmd(RCC_APB1Periph_TIM2, ENABLE);

    TIM_DeInit(TIM2);
```

```
    TIM2_TimeBaseStructure. TIM_Period =time;   //10000;
    TIM2_TimeBaseStructure. TIM_Prescaler=prescaler;   //71;
    TIM2_TimeBaseStructure. TIM_ClockDivision=0x0; //设置时钟系数 不分频
    TIM2_TimeBaseStructure. TIM_CounterMode=TIM_CounterMode_Up;/ /向上计数模式
    TIM_TimeBaseInit(TIM2, &TIM2_TimeBaseStructure);   // Time base configuration
    TIM_ClearFlag(TIM2,TIM_FLAG_Update);               //清楚更新标志位
    TIM_ITConfig(TIM2,TIM_IT_Update,ENABLE );
    NVIC_InitStructure. NVIC_IRQChannel=TIM2_IRQn;   //开启 tim2 的中断使能
    NVIC_InitStructure. NVIC_IRQChannelPreemptionPriority=3;
                                        //配置 tim2 的优先级为(3:3)
    NVIC_InitStructure. NVIC_IRQChannelSubPriority=3;
    NVIC_InitStructure. NVIC_IRQChannelCmd=ENABLE;
    NVIC_Init(&NVIC_InitStructure);

    TIM_Cmd(TIM2, ENABLE);
}

/*---------------------------------------------
tim2 的中断处理函数,tim2 每次中断都会执行这个函数,此处只是将标志位清除
-----------------------------------------------------*/
void TIM2_IRQHandler(void)
{
    if (TIM_GetITStatus(TIM2, TIM_IT_Update) ! = RESET)
    {
        TIM_ClearITPendingBit(TIM2, TIM_IT_Update );
        //在此处添加中断处理操作
    }
}

/*-----------------------------------------------------
12. 串口配置( 如需要 UART )
12.1   头文件 uart.h
-----------------------------------------------------*/
#ifndef __USART_H
#define __USART_H

#include "stm32f10x.h"
#define USART_TX_LEN   512
extern u8 USART_TX_BUF[USART_TX_LEN];
void uart1_init(u32 bound);
void stm_printf(char * fmt,...);
```

```
#endif

/*--------------------------------------------------
12.2   操作函数 uart.c
----------------------------*/
#include "uart.h"
#include "Systick.h"
#include "stdarg.h"
#include "string.h"
#include "stdio.h"

u8 USART_TX_BUF[USART_TX_LEN]; //发送缓冲数组,用于串口向外发送数据
void uart1_init(u32 bound)
{
    //GPIO 端口设置
    GPIO_InitTypeDef GPIO_InitStructure;
    USART_InitTypeDef USART_InitStructure;

    RCC_APB2PeriphClockCmd(RCC_APB2Periph_USART1 | RCC_APB2Periph_GPIOA,
ENABLE);//使能 USART1,GPIOA 时钟以及复用功能时钟
    //USART1_TX    PA.9
    GPIO_InitStructure.GPIO_Pin=GPIO_Pin_9; //PA.9
    GPIO_InitStructure.GPIO_Speed=GPIO_Speed_50MHz;
    GPIO_InitStructure.GPIO_Mode=GPIO_Mode_AF_PP;//复用推挽输出
    GPIO_Init(GPIOA, &GPIO_InitStructure);

    //USART1_RX   PA.10
    GPIO_InitStructure.GPIO_Pin=GPIO_Pin_10;
    GPIO_InitStructure.GPIO_Mode=GPIO_Mode_IN_FLOATING;//浮空输入
    GPIO_Init(GPIOA, &GPIO_InitStructure);

    //USART 初始化设置
    USART_InitStructure.USART_BaudRate=bound;//波特率
    USART_InitStructure.USART_WordLength=USART_WordLength_8b;
                                              //字长 8 位数据格式
    USART_InitStructure.USART_StopBits=USART_StopBits_1; //一个停止位
    USART_InitStructure.USART_Parity=USART_Parity_No; //无奇偶校验位
    USART_InitStructure.USART_HardwareFlowControl=USART_HardwareFlowControl_None;
                                              //无硬件数据流控制
    USART_InitStructure.USART_Mode=USART_Mode_Rx | USART_Mode_Tx;//收发模式
    USART_Init(USART1, &USART_InitStructure); //初始化串口
```

```
    USART_ITConfig(USART1, USART_IT_RXNE, ENABLE);  //开启中断
    USART_Cmd(USART1, ENABLE);                      //使能串口
}

/*----------------------------------------------------------
*函数功能模拟标准 C 中的 printf 函数
*使用方法:与 printf 语法格式完全相同
----------------------------------------------------------*/
void stm_printf(char * fmt,...)
{
    int len;
    u8 * p;
    va_list ap;
    va_start(ap,fmt);
    vsprintf((char *)USART_TX_BUF,fmt,ap);
    va_end(ap);
    len =strlen((const char *)USART_TX_BUF);
    p=USART_TX_BUF;
    while(len)
    {
        USART_SendData(USART1, *p);
        while(USART_GetFlagStatus(USART1,USART_FLAG_TC) == RESET)
        {}
        p ++;
        len --;
    }
}
```

思 考 题

2-1 简述电压测量装置的测量原理。

2-2 简述电压测量装置的设计流程。

中篇　检测装置设计

无线传感器网络是一种分布式传感网络，它的末端是可以感知和检测外部世界的传感器。传感器是一种能感受被测量的信息，并将感受到的信息，按一定规律变换成为电信号或其他所需形式的信息输出，以满足信息的传输、处理、存储、显示、记录和控制等要求的检测装置。本篇以温湿度、称重、心率、磁场、光照度等多个常用检测装置为例，从测量原理、电路设计、软件设计等方面介绍检测装置设计流程与方法。

3　基于数字传感器的温湿度检测装置设计

以 STM32 为核心，结合数字式温湿度传感器设计一个温湿度检测装置，对环境温湿度进行检测和显示，并在环境参数异常时进行声光报警。

3.1　设计目标

设计目标如下。

(1) 温度测量：室温至 120 ℃，传感器为 DS18B20 或类似传感器。

(2) 相对湿度检测：10%~90%，传感器为 DHT11（或 SHT11）或类似传感器。

(3) 显示：LCD 数字显示，温度显示分辨率 0.1 ℃，湿度显示分辨率 0.1%。

(4) 具有温湿度上限、下限设置功能，当温度或湿度测量值越限时，进行声光报警。

(5) 电源：电池供电，具有进入低功耗和电池电量检测功能，检测到电池电量低时报警。

3.2 测量原理

集成式数字输出温度传感器使用半导体温度传感器将温度量转换为电信号，并在内部进行放大后转换为数字信号，通过通信接口（有单总线接口、SPI 接口、IIC 接口等）与外部进行数据（信息）传送。微处理器利用单总线接口向 DS18B20 发送初始化命令和读取温度数据。DS18B20 基本参数见表 3-1。

表 3-1 DS18B20 基本参数

电压/V	温度测量范围/℃	接口
3.0~5.0	−55~125	单总线

湿度检测可以用 DHT11、DHT22、SHT11 等数字输出温度湿度检测模块，与 DS18B20 相似，温度湿度值已在检测模块内部转换为数字信号，外部微处理器利用单总线接口向 DHT11、DHT22、SHT11 发送初始化命令和读取湿度数据。几种数字输出温湿度传感器基本参数见表 3-2。

表 3-2 DHT11、DHT22、SHT11 温湿度传感器基本参数

参数	DHT11	DHT22	SHT11
电压/V	3.5~5.5	3.3~6	2.5~5.5
湿度测量范围/%	20~90	0~99	0~100
温度测量范围/℃	0~50	−40~80	−40~+123
接口	单总线	单总线	IIC

使用 DHT11 和 DHT22 测量湿度时，由于温度测量范围不满足设计要求，因此需要用 DS18B20 测量温度；当使用 SHT11 时，由于它的温度测量范围已经满足温度测量要求，因此可以用它同时测量温度和湿度。

3.3 方案设计

一种使用数字式温度传感器 DS18B20 的温度检测与显示装置电路的原理如图 3-1 所示。

使用数字输出温度传感器和湿度传感器，只需要分别利用一个 GPIO 口与 DS18B20 和 DHT11 单总线数据通信接口连接，通过软件模拟在该 GPIO 口线上产生单总线需要的控制信号，并读取该 GPIO 口线的状态，就能读取温度、湿度的测量值。

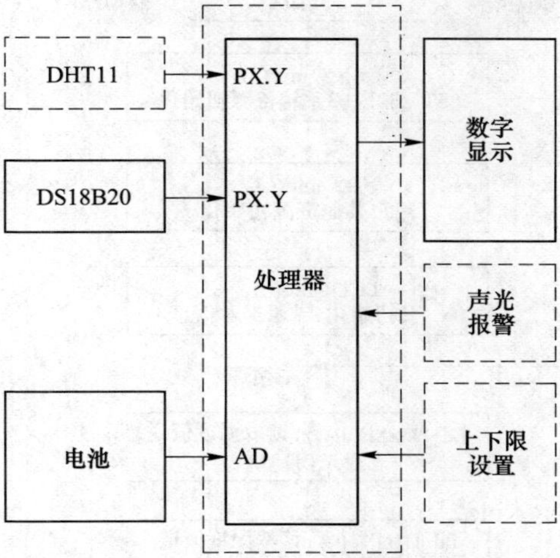

图 3-1　DS18B20 的温度检测与显示装置电路的原理

利用一路 AD 输入端口进行电池电量监测，电池电压经过电阻分压后直接送到 AD 输入端，微处理器通过读取 ADC 值，计算出电池电压，实现对电池电压的监测。

利用 LCD 显示温度、湿度、电池电量，基本要求为字符显示方式。LCD 可以选用 1602 字符 LCD 模块，也可以使用 12664 单色图像点阵 LCD 模块，还可以选用 TFT-LCD 模块。除字符显示方式外，还可以利用图形点阵 LCD 模块显示温度、湿度、电池电量的曲线图。

处理器电路使用第 2 章设计举例所述 STM32F103RCT6 处理器系统，有关电路请参阅 2. 3 节。

3. 4　程 序 设 计

3. 4. 1　主程序流程

一种可供参考的主程序流程如图 3-2 所示。

主程序可参照 2. 4 节所示主程序例编写，其中 main（）函数、SYS_init（）函数、User_init（）函数、read_adc（）函数、DMA_Config（）、ADC_Config（）、LCD_Disp（）等函数仅做少量改动即可使用。

图 3-2 所示程序流程仅供参考，除了所要求的基本功能外，可以按兴趣扩展其他功能。

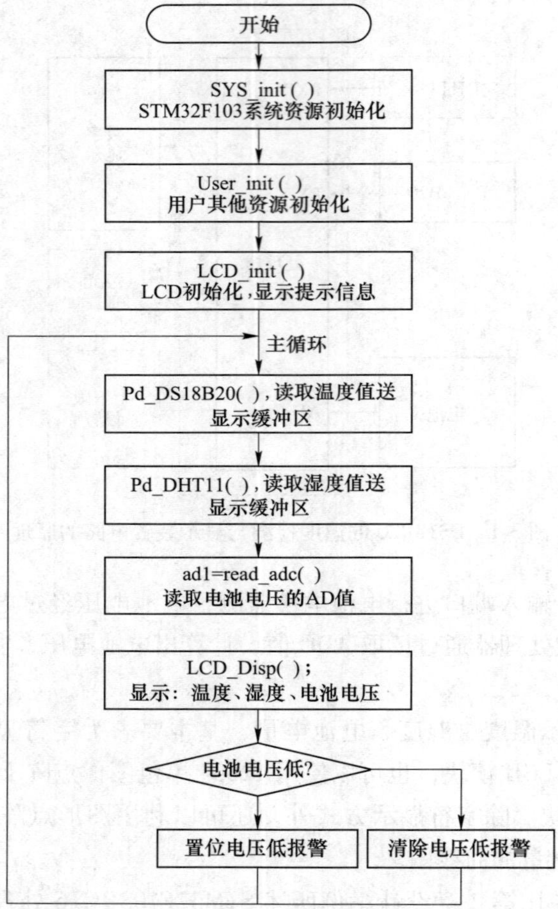

图 3-2 主程序流程

3.4.2 数字温湿度传感器程序

依据所选传感器的型号，编写数字温度传感器和数字湿度传感器的相关程序。

3.4.3 电池电压检测

将电池电压 DC 4.5~6 V 分压 1/2 即 $U_2=\frac{U_{DC}}{2}$，送到 U_2，经跟随器后送到 ADC1_IN1。由于 STM32F103RCT6 是 12 位 ADC，它的参考电压 U_{REF} 在内部连接到 STM32F103 的 VDDA，即 U_{REF} = 3300 mV，因此 ADC 的数字量为：

$$N = \frac{U_2}{3300} \times 4096 = \frac{\frac{U_{DC}}{2}}{3300} \times 4096 \tag{3-1}$$

利用 ADC 值 N 就可以求出电池电压 U_{DC}。

$$U_{DC} = \frac{825 \times N}{512} \tag{3-2}$$

3.4.4 LCD 显示程序

LCD 上显示温度（湿度）、电池电压。LCD 显示程序的编写请参阅 LCD 相关资料。

思 考 题

3-1 简述 DS18B20 和 DHT11 的工作原理及测量范围。

3-2 简述温湿度检测装置的测量原理。

3-3 简述温湿度检测装置的设计流程。

4 基于电阻应变传感器的称重装置设计

本章以 STM32 为核心，结合称重传感器（半桥式电阻应变传感器）设计一个称重装置，对被测对象的重量进行检测和显示。

4.1 设计目标

设计目标如下。

（1）称重范围：0.1~5.0 kg。

（2）综合误差：2.5%。

（3）测量分辨率：0.05 kg。

（4）显示方式：LCD 字符，显示分辨率 0.01 kg。

（5）供电方式：电池。

4.2 测量原理

使用电阻应变式称重传感器，传感器内部由两个差动电阻构成差动半桥，静态时电阻 $R_0 \approx 500\ \Omega$，传感器的引出线如图 4-1 所示。

在受到重力（压力）作用时，如果重力为 F，应变电阻灵敏度为 S_R，传感器差动半桥的一个应变电阻的阻值 R_1 增大，$R_1 = R_0 - \Delta R = R_0 - S_R \times F$，另一个电阻 R_2 则减小同样的值，$R_2 = R_0 + \Delta R = R_0 + S_R \times F$。利用两个阻值 $R_3 = R_4 = R_0$ 的外接电阻与传感器的差动电阻构成电桥，如图 4-2 所示。

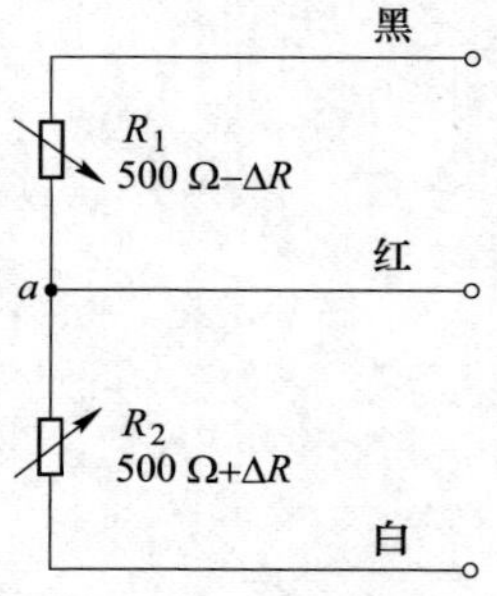

图 4-1 传感器引出线

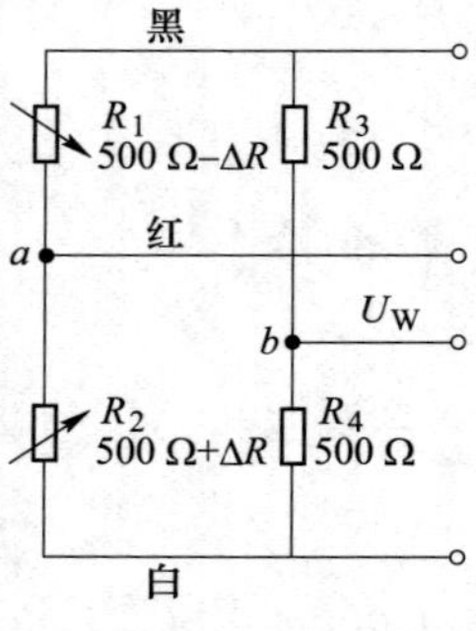

图 4-2 称重传感器电桥

对于图 4-2 所示差动半桥测量电路，使用直流电源 U 给电桥供电，将电阻变化转换为称重电桥输出电压 U_W 变化。将电压 U_W 送到放大电路进行放大与滤波，得到所需要幅值的输出电压 $U_{AD}=K\times U_W$。电压 U_{AD} 由 ADC 电路转换为数值信号 N_{AD}，嵌入式处理器读取 N_{AD}，求出对应的重量，送 LCD 显示。

4.3 方案设计

4.3.1 总体技术方案

使用 5 kg 差动半桥称重传感器，由桥式电路将差动电阻变化转换为称重电桥经输出电压 U_W 变化。嵌入式微处理器使用内部具有 12 位 ADC 的 ARM-Cortex-M3 核嵌入式处理器 STM32F103RCT6。一种可供参考的称重装置原理如图 4-3 所示。

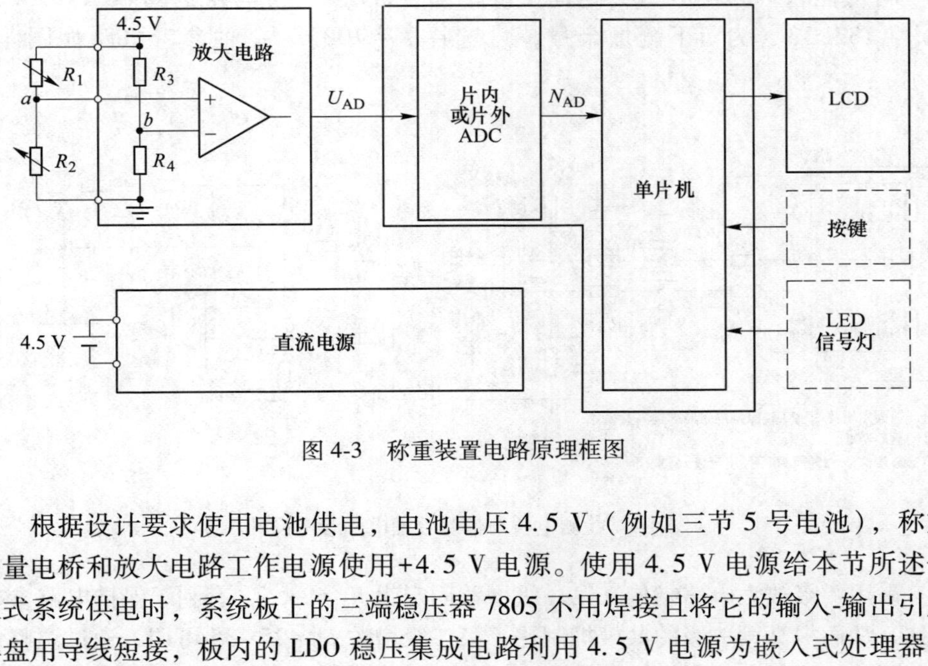

图 4-3　称重装置电路原理框图

根据设计要求使用电池供电，电池电压 4.5 V（例如三节 5 号电池），称重测量电桥和放大电路工作电源使用+4.5 V 电源。使用 4.5 V 电源给本节所述嵌入式系统供电时，系统板上的三端稳压器 7805 不用焊接且将它的输入-输出引脚焊盘用导线短接，板内的 LDO 稳压集成电路利用 4.5 V 电源为嵌入式处理器等提供所需要的 3.3 V 电源。

4.3.2 测量电桥

设计时应尽量使满量程时 U_{AD} 值接近 ADC 的最大输入电压 3300 mV。对于图 4-1 中的电桥，选择 $R_3=R_4=R_0=1000\ \Omega$。

$$U_a = \frac{R_2}{R_1 + R_2} \times U = \frac{R_0 + S_R \times F}{R_0 + S_R \times F + R_0 - S_R \times F} \times U = \frac{R_0 + S_R \times F}{2R_0} \times U$$

$$= \frac{U}{2} + \frac{U}{2R_0} \times S_R \times F = \frac{U}{2} + \frac{U}{2R_0} \times \Delta R \tag{4-1}$$

$$U_b = \frac{R_4}{R_3 + R_4} \times U = \frac{U}{2} \tag{4-2}$$

$$U_W = U_a - U_b = \frac{U}{2R_0} \times S_R \times F = \frac{U}{2R_0} \times \Delta R \tag{4-3}$$

对于所选传感器，满量程电阻变化约为 1 Ω，传感器电阻变化 $S_R = 0.2\ \Omega/\mathrm{kg} = 2 \times 10^{-4}\ \Omega/\mathrm{g}$，$R_0 = 500\ \Omega$，$U = 4.5\ \mathrm{V}$。

$$U_W = \frac{U}{2R_0} \times S_R \times F = \frac{4500}{2 \times 500} \times 2 \times 10^{-4} \times F = 9.0 \times 10^{-4} \times F \tag{4-4}$$

满量程时 $F = 5 \times 10^3\ \mathrm{g}$，这时 $U_{WFS} = 4.5\ \mathrm{mV}$，放大电路的增益 $K = 3300/U_{WFS} = 733.33$（为留下测量余量，可选择 $K = 700$）。一种参考电路如图 4-4 所示。

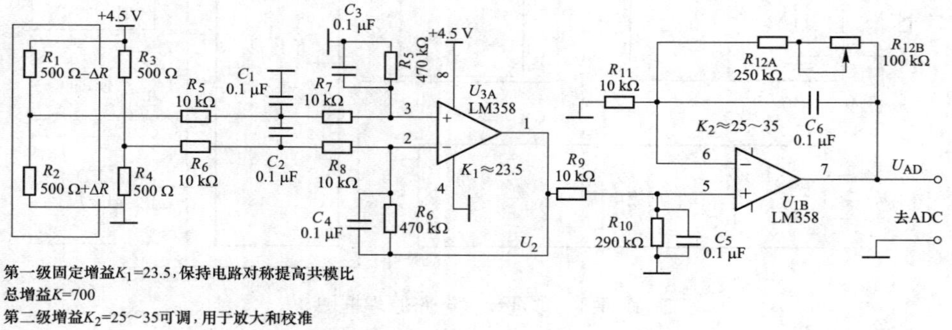

图 4-4 检测电桥与信号处理电路参考设计

采用两级放大电路结构，第一级增益固定为 $K_1 = 23.5$，有利于保持电路参数对称，从而提高第一级的共模抑制比，第二级增益 $K_2 = 25 \sim 35$ 可调，通过调整可变电阻 R_{12B}，可将总电路的增益 $K = K_1 \times K_2$ 调整到 700。

4.3.3 嵌入式处理器电路

使用第 2 章设计举例部分所描述的 ARM-Cortex-M3 核嵌入式处理器板（处理器型号为 ST32F103RCT6），具体电路请参阅 2.3 节。

4.4 程 序 设 计

4.4.1 主程序

主程序可参照 2.4 节所示主程序例编写，其中 main（ ）函数、SYS_init（ ）函数、User_init（ ）函数、read_adc（ ）函数、DMA_Config（ ）、ADC_Config（ ）、LCD_Disp（ ）等函数仅做少量改动就可以使用。一个可供参考的主程序流程如图 4-5 所示。

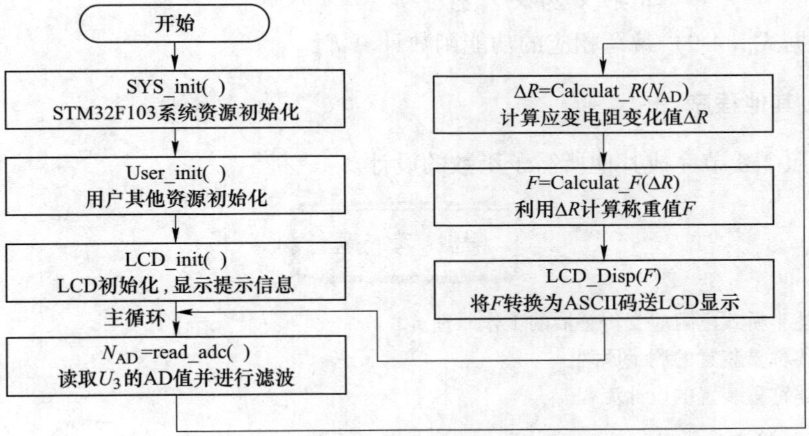

图 4-5 主程序流程

图 4-5 所示流程仅供参考，可以自行设计其他的程序流程。除了所要求的基本功能外，可以按兴趣扩展其他功能。

4.4.2 读取 AD 值程序

参照 2.4.2 节完成读取 AD 值程序设计。

4.4.3 重力 *F* 计算程序

根据式（4-4），电桥输出电压 U_W 与重力 F 的关系为：

$$U_W = 2.25 \times 10^{-3} \times F \tag{4-5}$$

电桥输出电压 U_W 经过 $K=29$ 倍放大后的电压为：

$$U_{AD} = 29 \times U_W \tag{4-6}$$

该电压送到 STM32F103RCT6 处理器的内部 ADC 转换为数字信号 N_{AD}。STM32F103RCT6 内部 ADC 为 12 位，参考电压 U_{REF} = 3300 mV，电压U_{AD} 与 N_{AD}

的关系为：

$$N_{AD} = \frac{4095}{3300} \times U_{AD} = \frac{4095}{3300} \times 29 \times U_W \qquad (4\text{-}7)$$

将式（4-5）代入式（4-7），可以得到：

$$N_{AD} = \frac{4095}{3300} \times 29 \times 2.25 \times 10^{-3} \times F \qquad (4\text{-}8)$$

AD 转换后的数值 N_{AD} 是处理器可以直接读取的信息。利用 N_{AD} 计算 F 的公式为：

$$F = \frac{3300 \times 10^3}{4095 \times 29 \times 2.25} \times N_{AD} = (50587 \times N_{AD}) / 2^{12} \qquad (4\text{-}9)$$

依据式（4-9）编写相应的功能函数计算 F。

4.4.4 其他程序

参照 2.4 节完成其他所需子函数的设计。

思 考 题

4-1 简述半桥式电阻应变传感器的工作原理。

4-2 简述称重装置的测量原理。

4-3 简述称重装置的设计流程。

5 基于红外传感器的心率检测装置设计

本章以 STM32 为核心，结合红外传感器设计一个心率检测装置，对被测对象的心率进行检测、记录和显示。

5.1 设计目标

设计目标如下。

(1) 使用一体化反射式红外发射和接收对管 TCRT5000 传感器（或分离式 KP-2012F3C 和 KP-2012P3C）构成反射式（或透射式）心率检测传感器。

(2) 心率测量范围：1~200 次/min。

(3) 测量分辨率：0.1 次，测量误差 2%。

(4) LCD 显示。

(5) 可设置自动测量间隔（间隔时间为 1~10 min），可记录 1000 组心率数据，所记录的数据掉电不丢失。

5.2 测量原理

人体心室周期性的收缩和舒张导致主动脉的收缩和舒张，使血流压力以波的形式从主动脉根部开始沿着整个动脉系统传播，这种波称为脉搏波。脉搏波使血管呈现出周期性的舒张与收缩。如将红外发光二极管产生的一个恒定强度的红外线照射到人体的血管位置，并利用红外接收传感器接收反射的红外光（或透射的红外光），由于血管的舒张与收缩致使其对红外光的吸收、反射、衰减不一样，因此红外接收传感器接收到的红外光强度发生变化，由此传感器输出的电信号是与心率频率相同的周期性波形。将传感器的信号送到信号处理电路放大、整形后，就得到与脉搏频率相同的周期性脉冲信号。单片机通过测量这个脉冲信号的频率，就可以测量心率。

在人体指尖处，这种脉动信号的检测较为敏感，透过手指后检测到的光强相对较大，因此红外光电式脉搏传感器的测量部位通常在人体指尖处。

5.3 方案设计

5.3.1 总体技术方案

一种参考设计如图 5-1 所示。

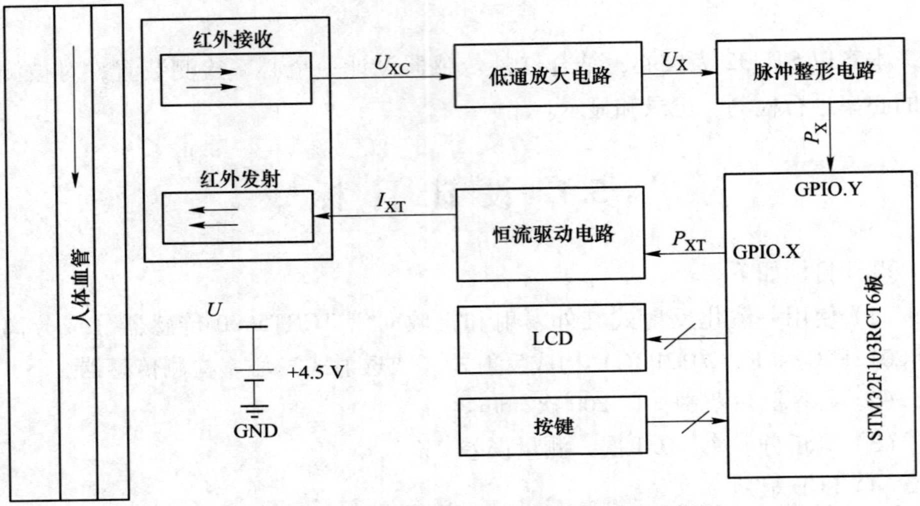

图 5-1　基于红外传感器的心率检测装置原理框图

使用红外对管构成反射式心率传感器。由于是通过检测红外反射光强度的脉动来检测心率（脉搏），因此需要使红外发射光强度恒定。红外发光二极管的发光强度由流过它的电流控制，为维持发射红外光的强度恒定，红外发光二极管可以使用恒流驱动方式。

利用 STM32F10 * 处理器的一个 GPIO. X 端口输出一个控制脉冲信号 $P_{XT}=0$，控制恒流驱动电路产生一个恒定的驱动电流 I_{XT}，由 I_{XT}驱动红外发光二极管发出恒定的红外光。红外接收传感器接收反射（也可以选择透射）的红外光产生相应的光电信号 U_{XC}，经低通放大电路放大并滤除高频信号得到输出信号 U_X，电压信号 U_X送到比较器电路进行脉冲整形，得到符合 TTL 标准的脉冲信号 P_X，利用微处理器的定时器/计数器测量脉冲信号 P_X的周期，计算出心率值送 LCD 显示。

5.3.2 恒流驱动电路

红外发光强度变化对检测结果有较大的影响。LED 发光强度由驱动电流直接控制，为维持检测过程红外光强度恒定，使用恒流源驱动红外 LED 发光管。单片机产生红外发射控制信号 P_{XT}控制恒流驱动线路驱动红外发射管稳定发光。一种恒流驱动电路如图 5-2 所示。

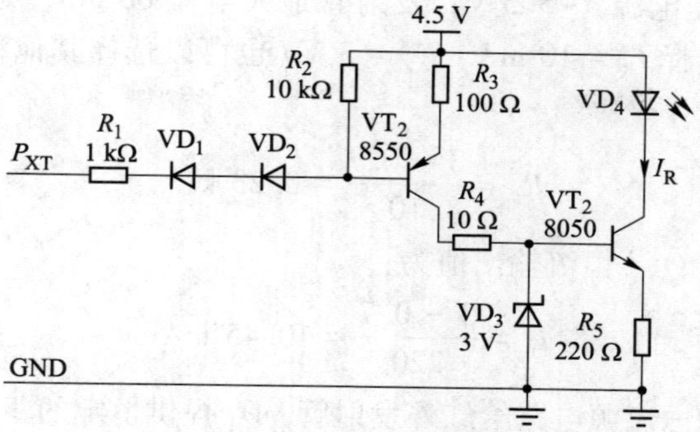

图 5-2　红外发射管恒流驱动电路

图 5-2 中的信号 P_{XT} 是由嵌入式处理器送过来的控制信号，使用电池供电，电压 $U=4.5$ V。

（1）当不进行测试时，$P_{XT}=1(\geqslant 3.0\ \text{V})$，晶体管 VT_1 管截止，VT_2 基极电压 $U_{b2}=0$，因此 VT_2 截止 $I_R=0$，红外发光二极管 VD_4 不发光，电路处于低功耗状态。

（2）在进行测试时，处理器输出 $P_{XT}=0(<0.5\ \text{V})$，晶体管 VT_1 饱和导通，VT_2 的基极电压由稳压管 VD_Z 的稳压值 U_Z 确定，VT_2 构成的恒流源输出恒定电流 I_R 驱动红外发光二极管 VD_4 发出恒定的红外光。对于图 5-2 电路，$U_{b2}=U_Z=I_R\times R_5+U_{be2}$，可以得到：

$$I_R=\frac{U_Z-U_{be2}}{R_5} \tag{5-1}$$

式中，U_{be2} 是晶体管 VT_2 的 b-e 结压降，在恒流状态下通常可以近似认为 $U_{be2}=0.7$ V。

选择的 TCRT5000 是一体化反射式传感器，包括红外发射和接收器件，如图 5-3 所示。

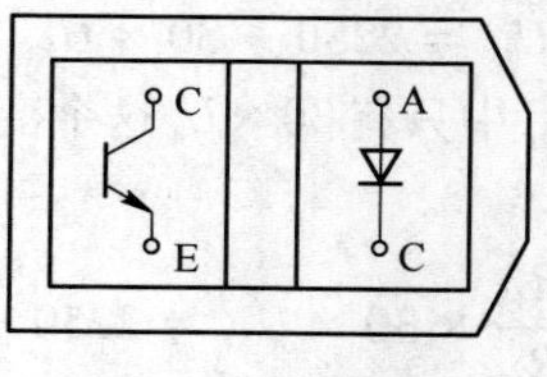

图 5-3　TCRT5000

TCRT5000 工作电源 3~5.5 V，发射管最大电流 60 mA。通常选择工作电流为 5~20 mA。如选择 $I_R = 10$ mA、$U_Z = 3$ V（也可以选择其他稳压值的稳压二极管），则

$$R_5 = \frac{3 - 0.7}{10} = 0.23\ \text{k}\Omega \tag{5-2}$$

选择 $R_5 = 220\ \Omega$，恒流输出值为：

$$I_R = \frac{3 - 0.7}{220} = 10.45\ \text{mA} \tag{5-3}$$

由 VT_2 构成的恒流源电路给红外发射管 VD_4 提供恒定的驱动电流，确保 VD_4 稳定发光。不测试时，$P_{XT} = 1$ 使电路处于低功耗状态。

5.3.3　红外接收与信号调理电路

红外接收管（红外光敏二极管）输出的电信号较弱，需要进行放大、整形得到 TTL 脉冲信号后，才能由微处理器直接测量脉冲周期（或频率）。一种红外接收参考电路如图 5-4 所示。

图中共两级带低通滤波的交流耦合放大器，在第二级放大器输出端经 RC 滤波电路后，再由脉冲整形电路进行脉冲整形，输出 TTL 电平矩形波脉冲。

由于运算放大器使用单电源供电方式，第一级和第二级运算放大器的输入信号接在运算放大器的“-”输入端，为避免出现负向饱和，运算放大器的“+”输入端施加一个 2.25 V 的偏置电压。由于耦合电容对于直流相当于开路，此直流偏置电压不会被送到下一级。

对于第一级同相输入信号，在只考虑同相输入时的等效电路如图 5-5 所示。这时的输出

$$U_{O1+} = 2.25 \times \left(1 + \frac{R_{10}}{\infty}\right) = 2250 \tag{5-4}$$

只考虑反相输入端的信号电压 U_I（耦合电容相当于短路）时的等效电路如图 5-6 所示。这时的输出电压

$$U_{O1-} = -\frac{R_{10}}{R_7} \times U_{XC} = -\frac{300}{10} \times U_{XC} = -30 \times U_{XC} \tag{5-5}$$

根据叠加原理，电路总的输出电压

$$U_{O1} = 2250 - 30 \times U_{XC} \tag{5-6}$$

由于电容耦合的作用，U_{O1} 中只有 $30 \times U_I$ 这个变化的交流分量传送至第二级。第二级类似。

$$U_{O2} = \frac{U}{2} - \frac{R_{15}}{R_{12}} \times 30 \times U_{XC} = 2250 - 900 \times U_{XC} \tag{5-7}$$

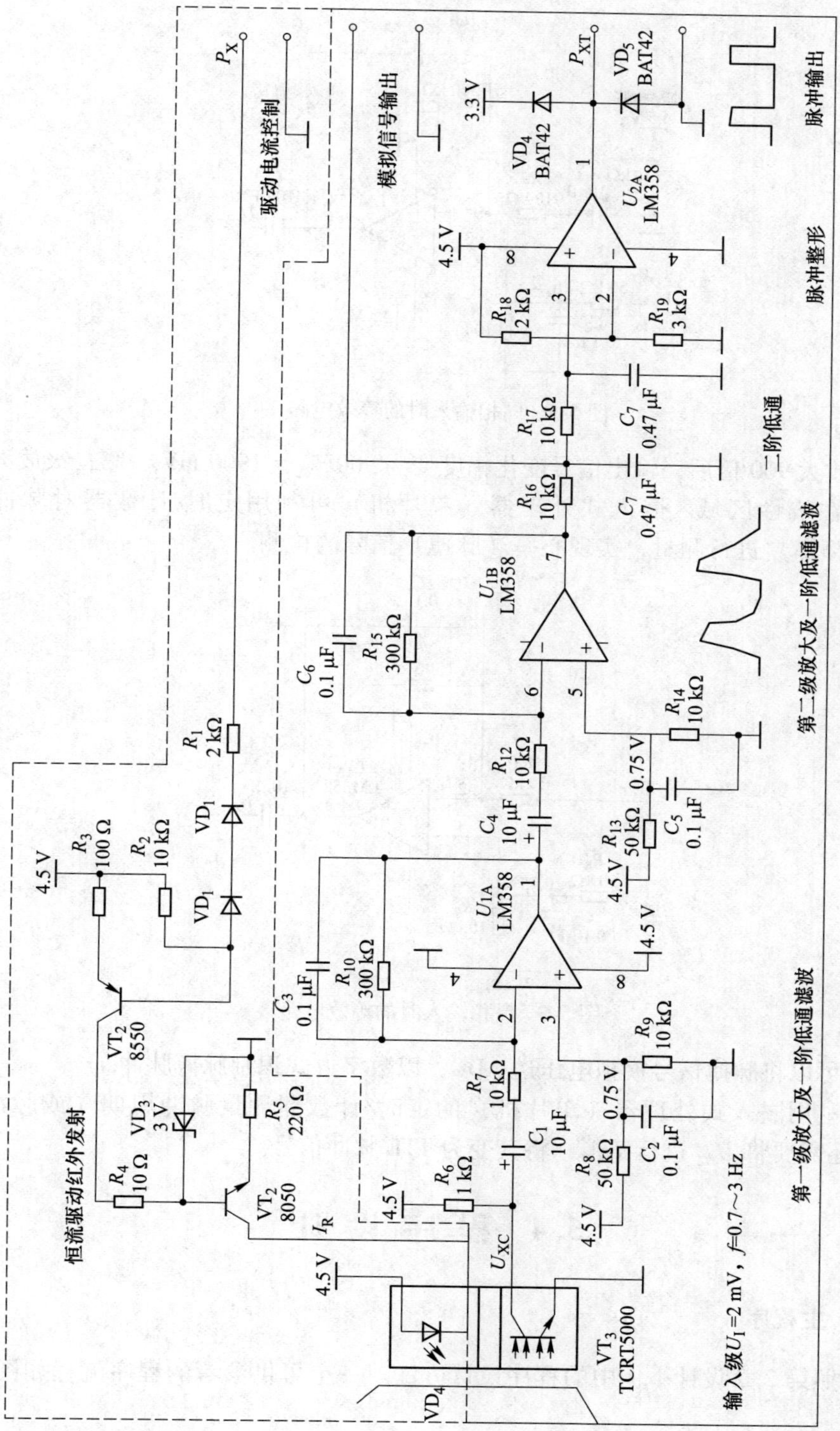

图 5-4 心率检测电路原理

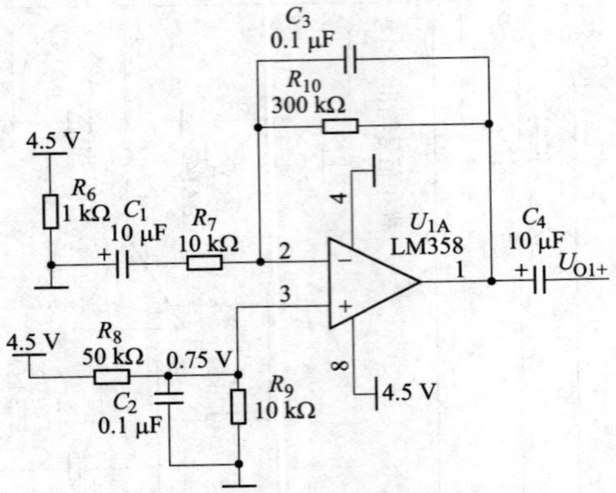

图 5-5　同相输入时的等效电路

经放大 900 倍后，输出信号变化幅度变为 $900U_{XC}$ = 1900 mV。第二级放大电路仍处在线性区域。嵌入式处理器（单片机）可利用定时/计数器对脉冲周期（或频率）进行测量，实现心率（脉搏）信号的检测。

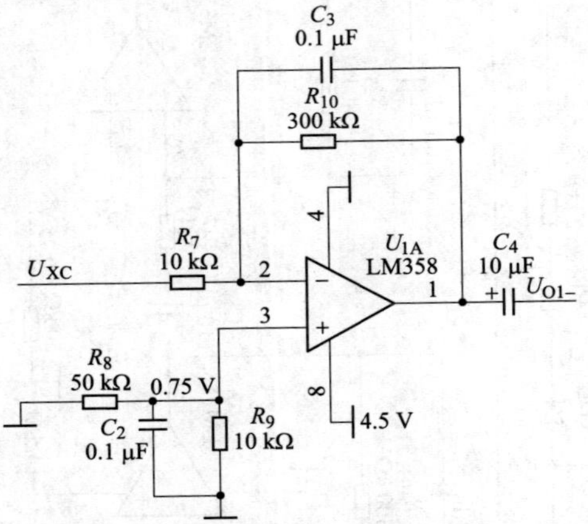

图 5-6　反相输入时的等效电路

也可以将脉搏信号模拟电压送 ADC，以数字方式识别脉搏脉冲。

要利用嵌入式处理器（单片机）的定时/计数器测量脉冲周期（或脉冲频率），还需要将 U_{O2} 进行整形，将其变为 TTL 脉冲信号。

5.4　程序设计

5.4.1　主程序

参照第 2 章设计举例中的程序设计方法。一个可供参考的程序流程如图 5-7 所示。

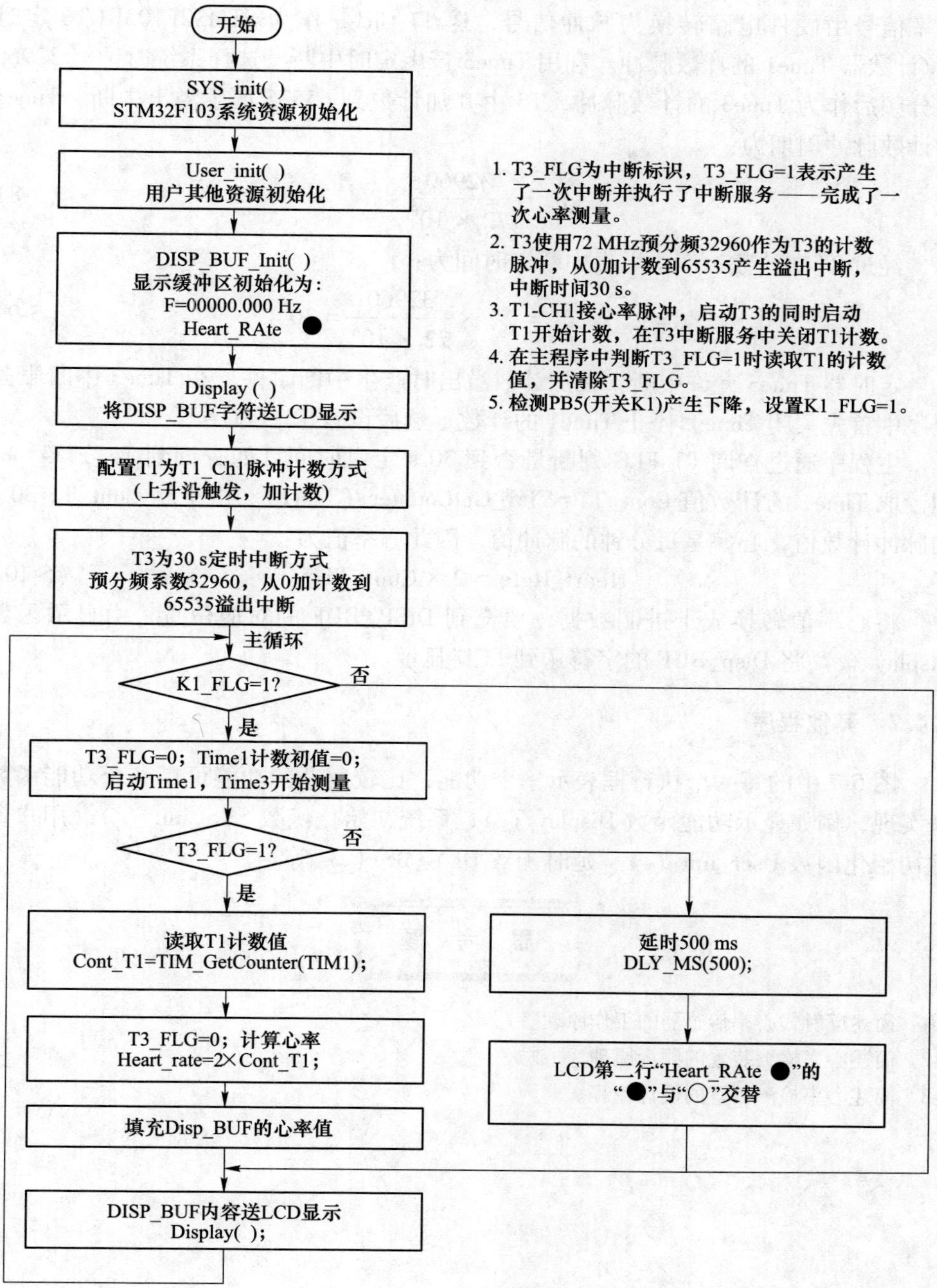

图 5-7　心率测量主程序流程

其中K1是心率测量启动开关，接在PB5，由PB5的下降沿设置K1_FLG=1。心率信号由硬件电路转换为脉冲信号，送T1-Ch1，作为STM32F103RCT6定时器/计数器Time1的计数脉冲。利用Time3产生定时中断，选择系统时钟经32960预分频后作为Time3的计数脉冲，T3由0加计数到65535产生溢出中断。Time3的计数脉冲周期为：

$$T_{+} = \frac{32960}{72 \times 10^{6}}\ \text{s} \tag{5-8}$$

经过2^{16}次计数，产生溢出中断，时间为：

$$t = 2^{16} \times T_{+} = 2^{16} \times \frac{32960}{72 \times 10^{6}} = 30\ \text{s} \tag{5-9}$$

定时器Time3允许中断，在加计数溢出时产生中断事件。在Time3中断服务程序中首先关闭Time，停止Time1的计数，然后设置T3_FLG=1。

主程序通过查询T3_FLG判断是否到30 s定时时间，如查询到T3_FLG=1，则读取Time1的计数值Cont_T1=TIM_GetCounter（TIM1）。由于是Cont_T1 30 s的脉冲计数值，心率是每分钟的脉冲值，因此心率值为：

$$\text{Heart\_Rate} = 2 \times \text{Cont\_T1} \tag{5-10}$$

将心率值转换成十进制数据，填充到DISP_BUF的对应位置，由显示函数Display（ ）将Disp_BUF的字符送到LCD显示。

5.4.2　其他程序

图5-7中的每一个执行框表示一个功能，比较复杂的功能可用一个功能函数来实现，例如显示功能函数Display（ ）、系统初始化函数SYS_init（ ）、用户资源初始化函数User_init（ ）、延时函数DLY_MS（ ）等。

思　考　题

5-1　简述反射式心率传感器的工作原理。

5-2　简述心率检测装置的测量原理。

5-3　简述心率检测装置的设计流程。

6 基于线性霍尔传感器的磁场检测装置设计

本章以 STM32 为核心，结合线性霍尔传感器设计一个磁场检测装置，对环境磁感应强度进行检测和显示。

6.1 设计目标

利用线性霍尔传感器设计制作磁场测量装置，主要技术指标如下。

（1）传感器：SS495 或类似性能传感器。

（2）磁场检测范围：-600~600 Gs。

（3）利用 LCD 显示测量值，显示分辨率 0.1 Gs。

（4）电池供电，进行电池电量检测与显示。

6.2 测量原理

利用霍尔效应进行磁场检测。SS495 是线性霍尔传感器，在一定的磁感应强度范围内，该传感器的输出电压 U 与磁感应强度 B(Gs) 成正比 $U=K\times B$。将传感器的输出电压 U 送到信号调理电路进行滤波放大得到所需幅度的电压信号 U_{AD}。将电压 U_{AD} 送到 ADC 电路转换为数字量 N_{AD}，微处理器读取数字量 N_{AD}，经运算处理求出对应的磁感应强度 B，送到 LCD 显示。

6.3 方案设计

6.3.1 总体技术方案

使用 SS495 线性霍尔传感器进行磁场检测，经滤波和幅度调理后送到 ADC 电路，嵌入式微处理器使用内部具有 12 位 ADC 的 ARMCortex-M3 核嵌入式处理器 STM32F103RCT6。检测装置原理如图 6-1 所示。

根据设计要求，使用电池供电，电池电压 4.5 V（三节 5 号电池），霍尔传感器直接使用+4.5 V 电源，放大电路工作电源同样用+4.5 V 电源，4.5 V 电压经嵌入式系统板内 LDO 稳压集成电路稳压得到嵌入式处理器所需要的 3.3 V 电压（嵌入式系统板上的 5 V 三端稳压器 7805 不焊接，且它的输入输出引脚用导线短接）。

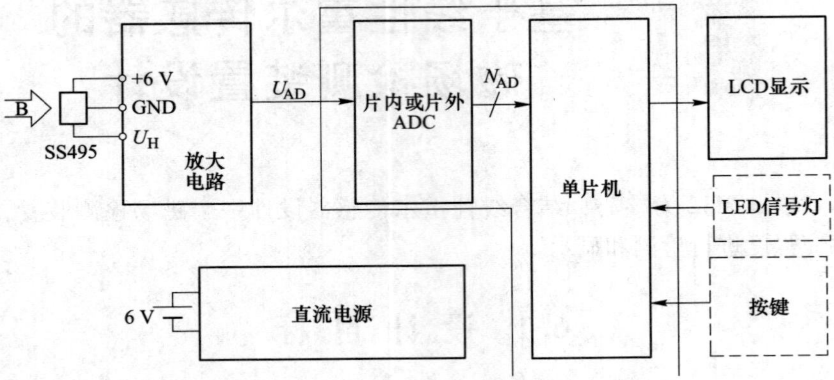

图 6-1　线性霍尔磁感应强度测量装置原理框图

6.3.2　传感器

SS495 线性霍尔传感器具有如下特性。

（1）工作电源：DC 4.5~10.5 V，电流典型值 5 mA，最大值 8 mA。

（2）灵敏度：3.3 mV/Gs。

（3）静态输出电压（$B=0$ Gs）：2.5 V。

（4）测量范围：-700~700 Gs。

（5）输出电流：最小值 1.0 mA，典型值 1.5 mA。

（6）响应时间：典型值 3 μs。

（7）线性度：1%。

在 4.5 V 工作电源下，$B = 0$，$U_H = 3000$ mV，灵敏度 $S_H = 3.3$ mV/Gs，霍尔输出电压为：

$$U_H = \frac{U_{CC}}{2} + 3.3 \times B = 3000 + 3.3 \times B \tag{6-1}$$

6.3.3　信号调理电路

由于 SS495 输出信号已经比较大，ADC 电路输入电压 3300 mV，放大电路比较简单。一种参考电路如图 6-2 所示。

对于该电路：

$$U_H = 3000 + 3.3 \times B \tag{6-2}$$

$$U_{AD} = K_1 \times K_2 \times U_H = K_1 \times K_2 \times (3000 + 3.3 \times B) \tag{6-3}$$

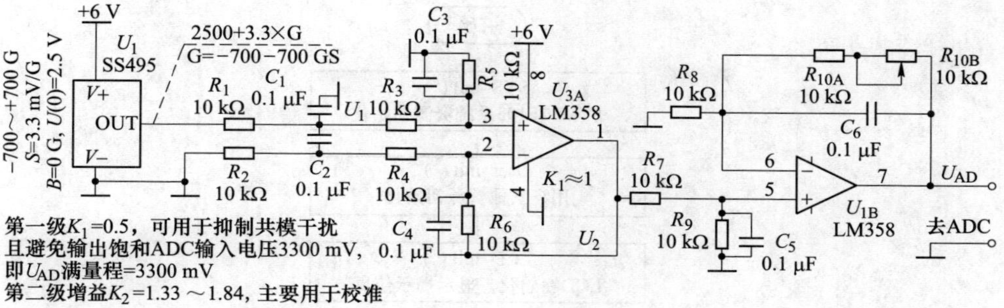

图 6-2　线性霍尔传感器信号调理电路

满量程（$B=700$ Gs）时 U_H = 5310 mV，ADC 电路要求不超过 3300 mV，故总的增益 $K=\frac{3300}{5310}=0.621$。图 6-2 电路选择第一级增益 $K_1=0.5$，因此需要按式（6-4）调整 K_2。

$$K_2=\frac{3300}{0.5\times 5310}=1.242 \tag{6-4}$$

第二级增益为：

$$K_2=\frac{R_9}{R_7+R_9}\left(1+\frac{R_{10}}{R_8}\right)=0.5\left(1+\frac{10+R_{10B}}{10}\right)=1\sim 1.5 \tag{6-5}$$

总增益 K 为 0.5～0.75 时可调。调整 R_{10B} 使 $K_2=1.242$，使总增益 $K=0.5\times 1.242=0.621$，在满量程时，送到 ADC 的电压值为 ADC 的满量程输入电压 3300 mV。

6.3.4　嵌入式处理器电路

处理器电路使用第 2 章设计例所述 STM32F103RCT6 处理器系统，有关电路请参阅 2.3 节。

6.4　程 序 设 计

6.4.1　主程序

主程序可参照 2.4 节主程序例编写，其中 main（ ）函数、SYS_init（ ）函数、User _ init（ ）函数、read _ adc（ ）函数，DMA _ Config（ ）、ADC _ Config（ ）、LCD_Disp（ ）等函数仅做少量改动就可以使用。主程序流程如图 6-3 所示。

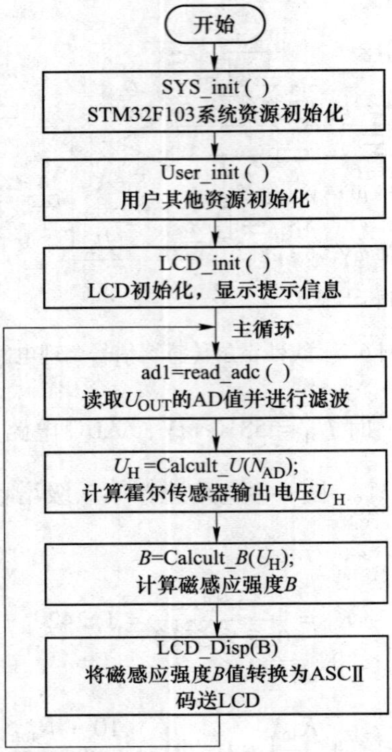

图 6-3　磁感应强度检测主程序流程

6.4.2　读取 AD 值程序

参照 2.4.2 节完成读取 AD 值程序设计。

6.4.3　磁感应强度 *B* 计算程序

对于 STM32F103RCT6 处理器内部 ADC，其参考电压 U_{REF} = 3300 mV， 12 位，电压 U_{AD} 对应的 ADC 数值 N_{AD} 为：

$$N_{AD} = \frac{4095}{3300} \times U_{AD} = \frac{4095}{3300} \times 0.621 \times U_H = 0.7706 \times U_H \tag{6-6}$$

利用 ADC 数值 N_{AD} 计算霍尔电压 U_H。

$$U_H = \frac{N_{AD}}{0.7706} \tag{6-7}$$

由于霍尔电势与磁感应强度的关系为 $U_H = 3000 + 3.3 \times B$，因此可以利用 U_H 计算出磁感应强度 B 的值。

$$B = \frac{U_H - 3300}{3.3} \tag{6-8}$$

也可以修改程序流程图，直接用 N_{AD} 计算 B。

$$B = \frac{U_H - 3300}{3.3} = \frac{\frac{N_{AD}}{0.7706} - 3300}{3.3} = \frac{N_{AD} - 2542.98}{2.54298} \tag{6-9}$$

利用式（6-9）或式（6-7）和式（6-8），参照 2.4 节绘制程序流程图，编写磁感应强度 B 的计算程序。

6.4.4　其他程序

参照 2.4 节设计其他所需子函数。

思　考　题

6-1　简述线性霍尔传感器的工作原理。
6-2　简述磁场检测装置的测量原理。
6-3　简述磁场检测装置的设计流程。

7 基于数字式光电传感器的光照度检测装置设计

本章以 STM32 为核心，结合数字式光电传感器设计一个光照度检测装置，对环境光照强度进行检测和显示。

7.1 设计目标

设计目标如下。

（1）光照度范围：10^{-1}（遮光）~10^{4} lux。

（2）传感器：GY-302 数字式光照度检测模块，或其他类似模块。

（3）显示：LCD 数字显示，显示分辨率 0.1 lux。

（4）电源：电池供电。

（5）具有电池电压监测功能，在 LCD 上显示电池电压。

7.2 测量原理

数字光照度检测模块由光敏检测元件、放大电路、AD 转换电路和通信接口电路组成，光照度由光敏检测元件转换为电信号，经放大后由 AD 转换电路转换为数字信号，外部微处理器通过通信接口电路读取转换后的数字信号。

各种环境照度值（单位 lux）：黑夜：0.001~0.02；月夜：0.02~0.3；阴天室内：5~50；阴天室外：50~500；晴天室内：100~1000；夏季中午太阳光下：约为 10^{6}；阅读书刊时所需照度：50~60；家用摄像机标准照度：1400。

7.3 方案设计

7.3.1 检测装置原理

光照度检测装置由数字输出光检测电路、AD 转换和微处理器电路、LCD 模块、电源等组成。其电路原理如图 7-1 所示，虚线框内为扩展功能。

电池电压经过电阻分压后直接送到 AD 输入端，微处理器通过读取 ADC 值，计算出电池电压，实现对电池电压的监测。

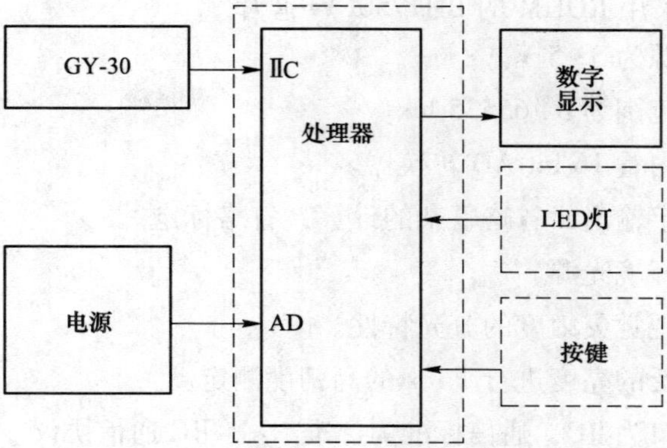

图 7-1　数字传感器光照度检测装置原理框图

利用 LCD 字符显示方式显示光照度。LCD 既可以选用 1602 字符 LCD 模块，也可以选用 12664 单色图像点阵 LCD 模块或 TFT-LCD 模块。除字符显示方式外，还可以利用图形点阵 LCD 模块显示光照度的曲线图。

7.3.2　光检测电路

利用数字式光照度模块 GY-302 或其他类似功能模块进行光照度检测。GY-302 内部具有光敏感器件和转换器件，使用ⅡC 接口与外部处理器通信。GY-302 外形和接口如图 7-2 所示。

Pin	引脚名称	描叙
1	VCC	供给电压3～5 V
2	SCL	ⅡC总线时钟线
3	SDA	ⅡC总线数据线
4	ADDR	ⅡC地址引脚
5	GND	电源地

图 7-2　数字光照度传感器接口信号

（1）GY-30 采用 ROHM 的 BH1750FVI 芯片。

（2）供电电源为 3~5 V。

（3）光照度范围为 0~65535 lux。

（4）传感器内置 16 bit AD 转换器。

（5）直接数字输出，省略复杂的计算，省略标定。

（6）不区分环境光源。

（7）接近于视觉灵敏度的分光特性。

（8）可对广泛的亮度进行 1 lux 的高精度测定。

（9）通信接口为ⅡC，通信标准为标准 NXP-ⅡC 通信协议。

7.3.3　微处理器电路

处理器电路使用 2.3 节设计例所述 STM32F103RCT6 处理器系统，有关电路请参阅 2.3 节。该嵌入式系统提供的ⅡC 接口如图 7-3 所示。该ⅡC 接口与 GY-302 模块的ⅡC 接口不完全一致，使用时注意信号线的连接。

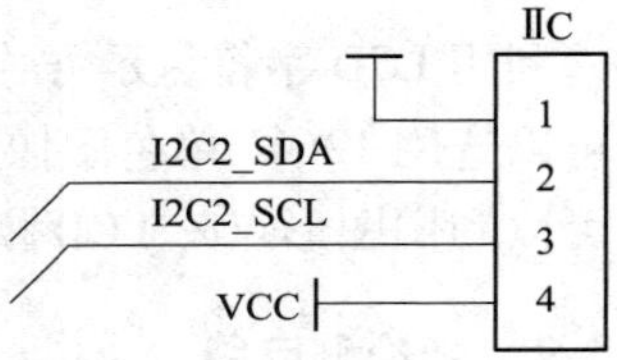

图 7-3　嵌入式系统ⅡC 接口

7.4　程序设计

7.4.1　主程序流程

主程序可参照 2.4 节主程序例编写，其中 main（ ）函数、SYS_init（ ）函数、User _ init（ ）函数、read _ adc（ ）函数，DMA _ Config（ ）、ADC _ Config（ ）、LCD_Disp（ ）等函数仅做少量改动就可以使用。一种参考流程如图 7-4 所示。

7.4.2　数字光照度传感器

依据选用的光照度传感器模块编写程序读取光照度值。

7.4.3　电池电压检测

将电池电压 DC 4.5~6 V 分压 1/2 即 $U_2=\frac{U_{DC}}{2}$，送到 2.3 节所述嵌入式系统模拟信号输入端 U_2，经板内 1∶1 缓冲放大器（跟随器）后送到 ADC1_IN1。由于 STM32F103RCT6 是 12 位 ADC，它的参考电压 U_{REF} 在内部连接到 STM32F103

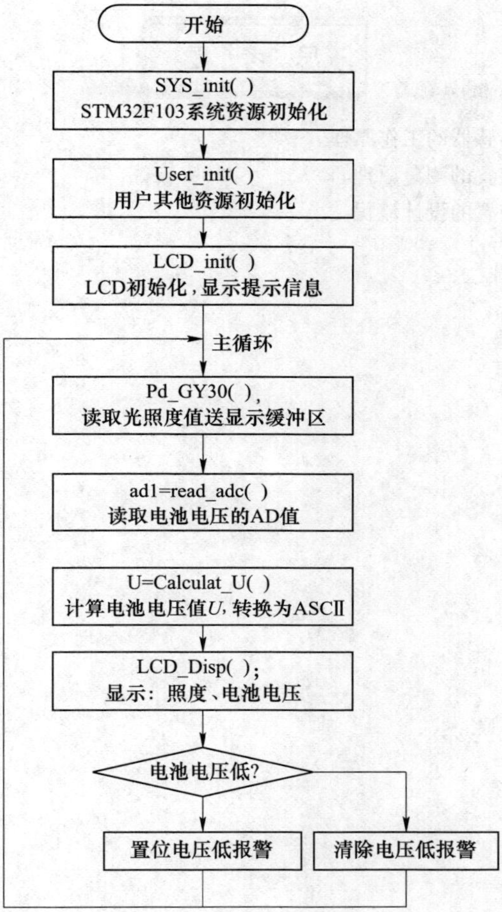

图 7-4 主程序流程

的 VDDA 即 U_{REF} = 3300 mV，因此 ADC 的数字量为：

$$N_{DC} = \frac{\frac{U_{DC}}{2}}{3300} \times 2^{12} = \frac{U_{DC}}{825} \times 2^{9} \tag{7-1}$$

$$U_{DC} = \frac{825 \times N_{DC}}{2^{9}} \tag{7-2}$$

利用 read_adc（ ）函数读取 ADC 值 N_{DC}，利用式（7-2）编写电池电压计算程序 Calculat_U（ ）计算电池电压。

7.4.4 LCD 显示程序

依据所选用的显示模块编写 LCD_Disp（ ）函数。

思　考　题

7-1　简述数字式光电传感器的工作原理。

7-2　简述光照度检测装置的测量原理。

7-3　简述光照度检测装置的设计流程。

下篇　无线传感器节点设计

传感器节点是无线传感器网络的基本功能单元，包括感知、处理、通信、电源等模块。传感器节点对本身采集到的信息和其他节点转发给它的信息进行初步的数据处理和信息融合之后，以相邻节点接力传送的方式传送到基站，然后通过基站以互联网、卫星等方式传送给最终用户。本篇以电压、温度、距离、光照度等为测量对象，在检测装置中融合 ZigBee 通信模块，从测量原理、电路设计、软件设计等方面介绍传感器节点的设计流程及方法。

8　具有 ZigBee 数据传输功能的电压测量装置设计

电压测量是其他电信号测量的基础之一。电压测量包括直流电压测量和交流电压测量。交流电压测量又包括电压峰值、有效值、平均值测量等。

8.1　设 计 目 标

设计目标如下。

（1）直流电压幅值：0.01~5 V。

（2）交流电压有效值测量（扩展功能）。

1）交流信号幅值：0.01~5 V。

2）交流信号波形（双极性对称）：正弦、方波、三角波。

3）交流电压频率：10 Hz~10 kHz。

（3）测量误差：不大于满量程值的 2%。

（4）LCD 显示，显示分辨率 0.01 V。

（5）利用 ZigBee 进行近距离无线数据传送，可构成无线传感器网络。

（6）供电电源：电池或 AC 220 V 任选一种。

8.2　方案设计

以下提供一种参考设计方案，电路分为信号调理电路、嵌入式系统电路、ZigBee 模块、电源四个功能部分。

本节与第 2 章给出的“电压测量装置”设计例的主要区别在于：

（1）只有一路输入电压，输入电压为 0~5 V，因此只需要开启一路 ADC；

（2）输入电压放大电路的放大倍数需要按本节的输入电压进行调整。

8.2.1　电路设计

8.2.1.1　总体电路原理

一种可供参考的功能结构如图 8-1 所示。

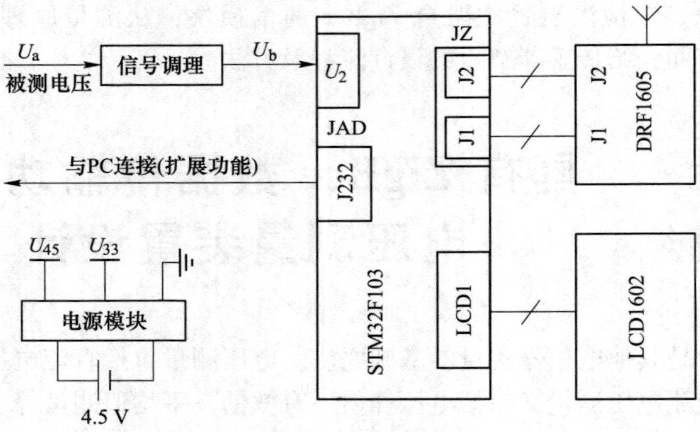

图 8-1　具有 ZigBee 数据传输功能的电压测量装置

微处理器使用 ARM-Cortex-M3 核嵌入式处理器 STM32F103103RCT6，电路原理如图 2-2 所示。使用 12864 字符 LCD 模块显示检测结果，LCD1602 插在 LCD1 插座上（单列插座）。ZigBee 模块 DRF1605 插在 JZ 插座上（DRF1605 有两个上列插座 J1 和 J2，对应 STM32F103 板上 JZ 插座组的 JZ_J1 和 JZ_J2）。信号调理电路对输入信号进行放大（衰减）得到满足 ADC 需要的电压信号，将电压信号通过嵌入式系统板的 JAD 接入。电源电路利用输入电源产生装置所需要的电源。

8.2.1.2　信号调理电路

信号调理电路的主要功能如下：

（1）对信号进行滤波，通过可调增益放大电路对信号的幅度进行调整，使送到 ADC 电路的信号幅度满足 ADC 对输入信号的要求；

（2）对送到 ADC 电路的信号进行限幅，保护 ADC 电路；

（3）对信号波形进行控制。

一种参考电路如图 8-2 所示。

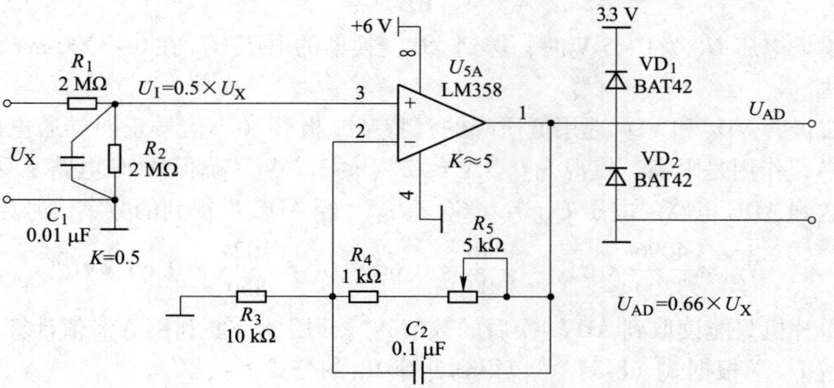

图 8-2 信号调理电路

由于 STM32F103 板 AD 输入满量程值是 3. 3 V，在不分档时，信号调理电路是一个信号衰减电路+缓冲电路。输入信号 U_X 经过 R_1 和 R_2 分压电路衰减得到：

$$N_I \approx 0.5 \times U_X \tag{8-1}$$

式（8-1）中的符号“≈”表示分压存在误差，这个误差是由于电阻有误差造成的，因此放大电路中需要设置增益调整用电位器，用于调整电路的增益满足测量精确度要求。

分压电路电阻实际上就是测量电路的输入电阻，这个电阻也就是信号源的负载。为了提高测量电路的输入电阻，R_1 和 R_2 值应该尽可能大。现取 $R_1 = R_2 =$ 2 MΩ，输入阻抗 $R_I = R_1 \parallel R_2 = 1$ MΩ。电阻 R_I 又成为下一级电路的信号源内阻，为了降低信号输出内阻，并进行增益的调整，R_1 和 R_2 分压后的信号 U_I，再送到增益 $K_2 = 1 + \dfrac{R_4 + R_5}{R_3} = 1 + \dfrac{1 + R_5}{R_3}$ 电路进行调理，就可得到输出电阻小、信号幅值满足要求的信号送到转换电路。根据图 8-2 电路的参数（R_3 = 10 kΩ，R_4 = 1 kΩ），电路的增益为：

$$K = \frac{U_{AD}}{U_X} = \frac{R_2}{R_1 + R_2} \times \left(1 + \frac{R_4 + R_5}{R_3}\right) = 0.5 \times \left(1 + \frac{1 + R_5}{10}\right) \tag{8-2}$$

输出信号为：

$$U_{AD} = 0.5 \times \left(1 + \frac{1 + R_5}{10}\right) \times U_X \tag{8-3}$$

选择可调电阻 R_5 = 5 kΩ。当调节电位器 R_5 使得 R_5 = 0 时，K = 0. 55，R_5 = 5 kΩ 时，K=0. 8，也就是电路的增益范围 K=0. 55~0. 8。通过调整可调电

阻 R_5，可以得到：

$$U_{AD} = 0.5 \times \left(1 + \frac{1 + R_5}{10}\right) \times U_X = 0.66 \times U_X \tag{8-4}$$

输入电压 U_X 为 0~5 V 时，送到 AD 变换器的电压 U_{AD} 在 0~3300 mV 之间对应变化。

二极管 VD_1 和 VD_2 选用低压降的肖特基二极管（小信号正向导通电压约为 0.3 V），作用是限幅，使得 $-0.3\ V \leqslant U_{AD} \leqslant 3.6\ V$，确保 ADC 电路不受损坏。

送到 ADC 电路的电压 $U_{AD} = 0.66 \times U_X$，经 ADC 后得到的数字信号为：

$$N_{AD} = \frac{4096}{3300} \times U_{AD} = \frac{4096}{3300} \times 0.66 \times U_X = \frac{1024}{850} \times 0.66 \times U_X \tag{8-5}$$

单片机只能读取到 AD 转换后的数值 N_{AD}，因此需要利用 N_{AD} 值计算对应的电压值 U_X。根据式（8-5）可以得到计算 U_X 的公式为：

$$U_X = \left(\frac{850}{0.66} \times N_{AD}\right) / 1024 \tag{8-6}$$

利用式（8-6）编写电压计算程序。该式与第 2 章设计例中电压计算公式形式相同，只是系数（放大倍数）K 值不同。

8.2.1.3　交流电压有效值测量

由于需要测量三角波、方波、正弦波的有效值，因此不能使用常用的正弦交流有效值测量的峰值检波等方法，需要按照有效值的定义进行测量。

将直流电压 U_X 和周期性的任意波形交流电压 $u_X(t)$ 通过同一个电阻 R，如果一个周期内它们的发热量相等，就定义这个直流电压值 U_X 是交流电压 $u_X(t)$ 的有效值。

$$\frac{U_X^2}{R} T = \int_0^T \frac{u_X^2(t)}{R} dt \tag{8-7}$$

$$U_X = \sqrt{\frac{1}{T} \int_0^T \frac{u_X^2(t)}{R} dt} \tag{8-8}$$

对于对称双极型交流信号，正负半波是对称的，如图 8-3 所示。

$$\int_0^T \frac{u_X^2(t)}{R} dt = 2\int_0^{\frac{T}{2}} u_X^2(t)\, dt \tag{8-9}$$

这样就可以使用正半波计算 $u_X^2(t)$。

$$U_X = \sqrt{\frac{2}{T} \int_0^{\frac{T}{2}} u_X^2(t)\, dt} \tag{8-10}$$

图 8-2 电路，由于运放单电源工作再加上二极管 VD_1 和 VD_2 的作用，交流信号的负半波被削掉，输出的是图 8-4 所示波形。

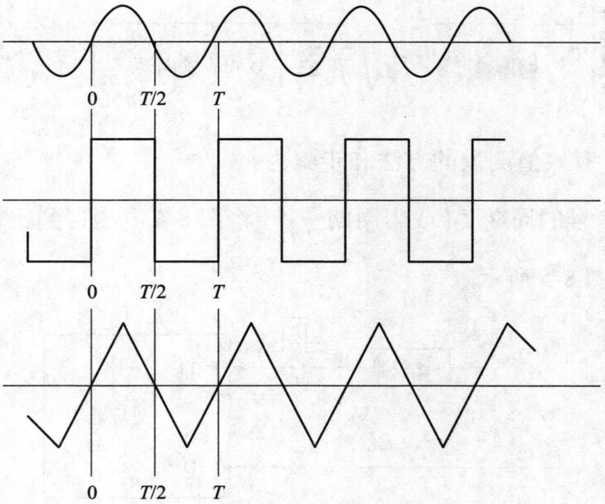

图 8-3　对称双极型交流信号波形

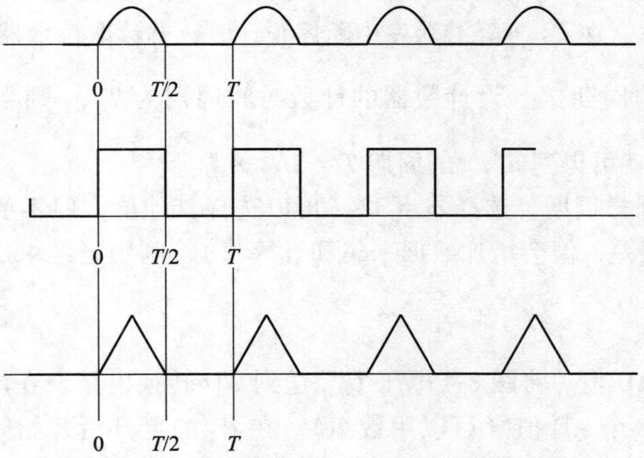

图 8-4　单极型交流信号波形

刚好可以利用图 8-4 波形和式（8-10）进行有效值测量。

对于计算机测量装置，只能利用 AD 转换后的采样值进行测量。对于周期为 T 的对称双极性交流信号，在半个周期$\left(0\sim\dfrac{T}{2}\right)$内，以采样周期 $T_S=\dfrac{T}{2\times m}$ 进行 m 次等间隔采样，得到 m 个采样值 $u(1)$，$u(2)$，…，$u(m)$，只要 m 足够大（T_S 足够小），就可以利用这 m 个采样值 $u_X(i)=u_X(ti)=u_X\left(\dfrac{T}{2m}\times i\right)$ 计算电压 $u_X(t)$

的有效值：

$$U_X = \sqrt{\frac{2}{T}\sum_{i=1}^{m}[u_X^2(i) \times T_S]} = \sqrt{\frac{2}{T}\sum_{i=1}^{m}\left[u_X^2(i) \times \frac{T}{2 \times m}\right]} = \sqrt{\frac{1}{m}\sum_{i=1}^{m}u_X^2(i)} \tag{8-11}$$

这样，进行有效值测量的方法和步骤为：

（1）测量信号的周期 $T\left(或半周期\frac{T}{2}\right)$。将图 8-4 电压送到比较器电路整形为矩形波 P_T，如图 8-5 所示。

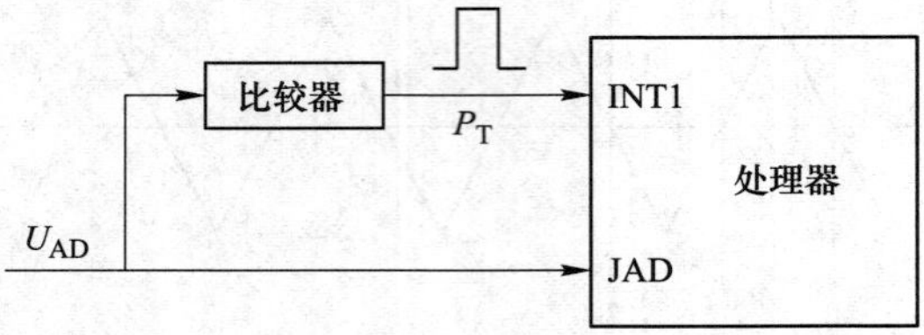

图 8-5 波形征象与周期 T 测量

将 P_T 送到处理器的中断输入引脚（或定时器的时钟捕获输入引脚），在 P_T 上升沿开始计时，在 P_T 下降沿触发中断停止计时，并读取计数器的计数值 N_T 计算出被测电压的周期 T。设计数器的计数时间周期为 T_C，则半周期时间 $\frac{T}{2} = N_T \times T_C$，这样就可得到 $u(t)$ 的周期 $T = 2N_T \times T_C$。

（2）确定采样周期。选择 $m = 32$（可以选择其他值，但不要小于 16，选择 m 值大可减小误差，但会增加数据采集和计算量），利用已经求出的 T 计算采样周期 $T_S = \frac{T}{2 \times m}$。

（3）计算 AD 值。将图 8-4 电压 U_{AD} 送到 AD 转换电路，在内存中设置一个存储区域存放 m 个 AD 值（可以用数组）。在 P_T 的上升沿开始等间隔采样得到 AD 值 $N_{AD}(i)$，在 P_T 的下降沿停止对 U_{AD} 的采样（$P_T = 1$ 时间就是正半周期时间），这样就在 $\frac{T}{2}$ 时间内以 T_S 为采样周期，对 U_{AD} 进行采样，得到 m 个采样点的 AD 值 $N_{AD}(i)(i=1, 2, \cdots, m)$。根据式（8-6）可以计算出 $N_{AD}(i)$ 对应的待测电压 $u_X(i)$ 的值：

$$u_X(i) = \left[\frac{850}{0.66} \times N_{AD}(i)\right]/1024 \approx [5 \times N_{AD}(i)]/4 \tag{8-12}$$

由于不需要计算每个采样点上的电压瞬时值，因此也可以利用式（8-11）和式（8-12）推导出利用 AD 值 N_{AD} 直接计算有效值的公式。

(4) 计算电压有效值。将式（8-12）代入式（8-11）得到被测电压 $u_X(t)$ 的有效值计算公式：

$$U_X = \sqrt{\frac{1}{m}\sum_{i=1}^{m} u_X^2(i)} = \sqrt{\frac{1}{m}\sum_{i=1}^{m}\left(\frac{5N_{AD}(i)}{4}\right)^2} = \frac{5}{4}\sqrt{\frac{1}{m}N_{AD}^2(i)} \tag{8-13}$$

利用式（8-13）和电压波形正半波的 m 个 AD 转换值 $N_{AD}(i)$，就可求出被测信号 $u_X(t)$ 的有效值 U_X。

注意：如果电压波形不是对称双极性，则需要在整个周期 T 中得到 m 个等间隔采样信号的 AD 值，就不能用半个周期来测量。

8.2.1.4 直流电源

使用电池供电，电池电压 4.5~6 V（三至四节电池）。信号调理电路的运算放大器直接使用电池电压（4.5~6 V），嵌入式处理器的 3.3 V 电源由电池电压稳压得到。使用低压差集成稳压集成电路 AS1117-3.3 产生 3.3 V 电源。一种直流电源电路如图 8-6 所示。

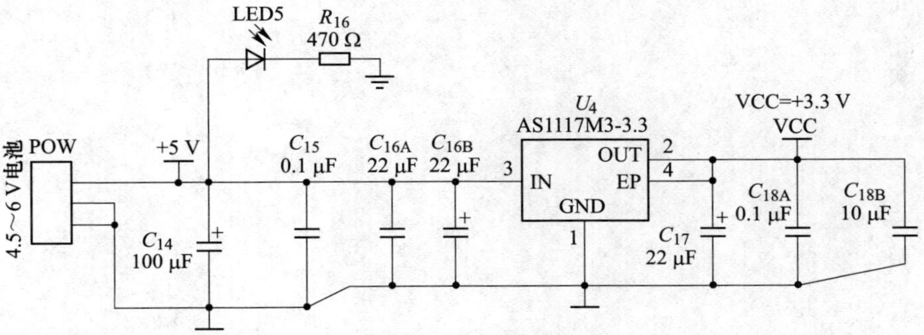

图 8-6 直流电源电路

由于使用电池供电，输入电压 4.5~6 V（可低到 4 V），故使用低压差稳压集成电路 AS1117-3.3。为降低功耗，可以使用开关型 DC-DC 集成电路将输入电池电压稳压到 VCC=3.3 V。

8.2.1.5 ZigBee 模块

使用 CC2530 设计，或使用 DRF1605 模块。在使用 DRF1605 模块时，可直接将其插入 STM32F103 的对应插座。如果使用 51 单片机，可只连接 DRF1605 的 TX、RX、REST、GND、VCC。

8.2.1.6 LCD 模块

将 LCD1602 插入 LCD1 插座。

8.2.2 程序设计

参考第 2 章设计例进行程序设计。

（1）对于主流电压测量，利用式（8-6）计算。

（2）对于交流有效值测量，依据式（8-12）计算有效值。

（3）在程序中完成 ZigBee 通信程序的设计。通信程序设计既可以使用透明传输方式，也可以使用点到点的传输方式。建议使用点到点的传输方式。

思考题

8-1 简述电压测量装置的测量原理。

8-2 简述电压测量装置的设计流程。

9 具有 ZigBee 数据传输功能的电流测量装置设计

9.1 设计目标

设计目标如下。

(1) 直流电流幅值：0.01~5 A。

(2) 交流电流有效值测量（扩展功能）。

1) 交流信号幅值：0.01~5 A。

2) 交流信号波形（双极性对称）：正弦、方波、三角波。

3) 交流电压频率：10 Hz~10 kHz。

(3) 测量误差：不大于满量程值的 2%。

(4) LCD 显示，显示分辨率 0.01 A。

(5) 利用 ZigBee 进行近距离无线数据传送，可构成无线传感器网络。

(6) 供电电源：电池或 AC 220 V 任选一种。

9.2 方案设计

以下提供一种参考电路设计方案，电路分为电流电压转换电路、信号调理电路、嵌入式系统电路、ZigBee 模块、电源五个功能部分，如图 9-1 所示。

本装置与第 8 章的电压测量装置的主要区别在于：被测信号是电流。只要利用一个阻抗将电流信号转换为电压信号，就可以参照第 8 章给出的设计方案进行设计。需要注意将计算电压的式（8-6）和式（8-13）修改为计算电流的公式。

图 9-1 利用一个电阻将电流转换为电压，根据式（8-6），将 $U_X = IR$ 代入，可得到直流电流 I 的计算公式：

$$I = \left(\frac{850}{0.66R} \times N_{AD}\right) \Big/ 1024 \tag{9-1}$$

对于交流电流测量，将 $U_X = IR$ 代入交流电压有效值计算式（8-13），可得到交流电流计算公式：

$$I = \frac{5}{4R}\sqrt{\frac{1}{m} N_{AD}^2(i)} \tag{9-2}$$

用式（9-1）替代第 8 章的直流电压计算式（8-6），用式（9-2）替代交流电

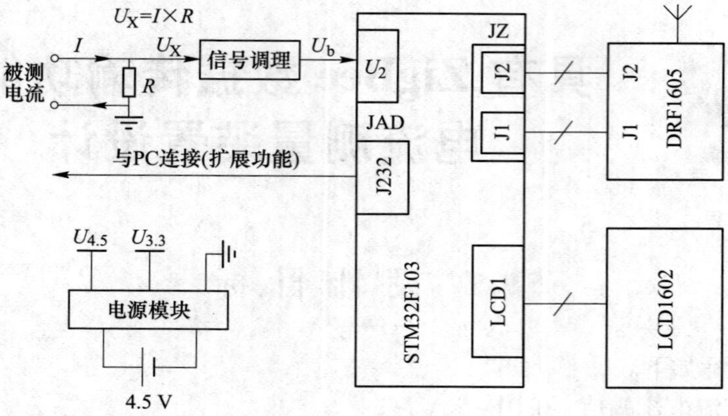

图 9-1 具有 ZigBee 数据传输功能的电流测量装置

压有效值计算式（8-13），就可以完成电流信号的测量，其他部分与第 8 章相似。

图 9-1 中利用电阻 R 将待测电流 I 转换为电压 $U_x=IR$，对于直流和低频率的交流信号，这种方法是可行的。但如果交流信号的频率很高（如高于 100 kHz），由于电路分布电容等的影响，就不能用一个电阻来进行转换，而需要用一个 RC 网络进行补偿。

思 考 题

9-1 简述电流测量装置的测量原理。

9-2 简述电流测量装置的设计流程。

10 具有 ZigBee 数据传输功能的超声波测距装置设计

10.1 设 计 目 标

（1）使用超声波传感器进行测距，测距范围：0.1~3 m。
（2）使用 LCD 显示测量结果。
（3）电源：电池供电。
（4）具有进入低功耗和电池电量检测功能，电池电量低时报警。
（5）利用 ZigBee 进行测距和报警信息传送，可构成无线传感器网络。

10.2 测 量 原 理

10.2.1 超声波测距原理

在某一确定的环境下（温度、空气相对湿度、海拔高度、气流速度或风速一定），超声波在空间（介质）传播的速度 c(m/s) 是确定的，超声波在这个环境下传播时，传播时间（叫作渡越时间）t(s) 与距离 x(m) 相关，即 $t=\frac{x}{c}$，同时超声波在传播过程中，其声压 P_X 和声强 I_X 随着传播距离 x 的增大而衰减，声强 P_X 与传播距离 x 的关系为 $P_X=P_0\times e^{-\alpha X}$，声压 I_X 与传播距离 x 的关系 $I_X=I_0\times e^{-2\alpha x}$，其中，$\alpha$ 为衰减系数，在环境确定后它是一个常数。

测出声强、声压后，利用衰减公式可以计算出距离 x，但由于声强、声压与距离具有非线性关系，计算比较复杂，而传播时间与传播距离具有线性关系，因此超声波测距比较常用的方法是使用时间—距离方法，该方法有时又叫作渡越时间检测法（简称 TOF）。

TOF 的基本原理是：在测距装置上设置一个超声波发射器 TX 和超声波接收器 RX，TX 与 RX 尽可能靠近，设它们的距离为 h，如图 10-1 所示。

超声波发射器 TX（接收探头 RX）与目标物体之间的距离为 x(m)，RX 与 TX 之间的距离 $h \ll x$。超声波从发射器 TX 发出，以速度 c(m/s) 经过时间 t_T 可以到达目标物体（反射面），时间 t_T 与 x 的关系为：

$$x=c\cdot t_T \tag{10-1}$$

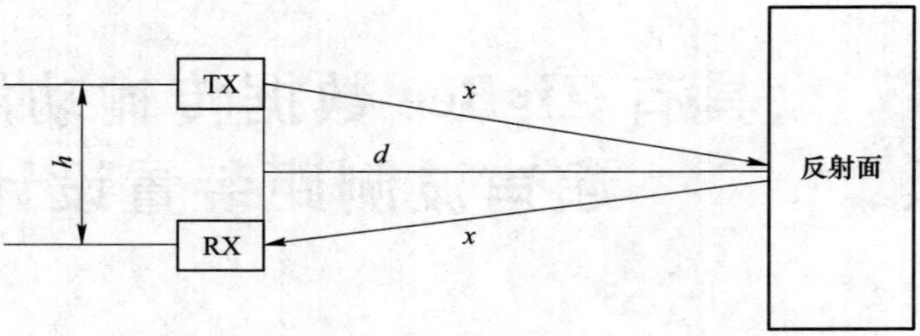

图 10-1　超声波测距原理

超声波到达目标物后，由反射面反射，经过时间 t_R 反射的超声波传播到超声波接收器 RX。由于 RX 和 TX 距离目标的距离都是 x，因此有

$$x = c \cdot t_R \tag{10-2}$$

$$t_T = t_R$$

超声波发射由微处理器控制，接收器收到的反射信号也送至微处理器（可作为中断输入信号，或定时器的时钟捕获控制信号）。在 $t = 0$ 时刻由微处理器控制 TX 发送超声波信号，同时启动微处理器的定时器。当 RX 收到反射回来的超声波信号时，立即停止处理器的计时器。并读取定时器的时间值 t。这个时间值就是从发射到收到反射回来的超声波的总时间。

$$t = t_R + t_T \tag{10-3}$$

由于 $t_T = t_R$，因此有：

$$x = \frac{c \cdot t}{2} \tag{10-4}$$

式中，c 为超声波在空气中的传播速度。

常温下超声波空气中的传播速度约为 340 m/s。由于 $h \ll x$（通常 $h \leqslant$ 30 mm，测距距离大于 300 mm 时，可以认为 $h \ll x$），因此

$$d = \sqrt{x^2 - \left(\frac{h}{2}\right)^2} \approx x = \frac{c \cdot t}{2} \tag{10-5}$$

超声波在介质中（空间）的传播速度 c 与介质的密度 ρ、介质的绝对压缩系数 B_α 有关，而介质的密度 ρ、介质的绝对压缩系数 B_α 等都与温度等有关。要进行高精度距离测量，需要对温度等进行补偿。速度 c 与温度 T 的关系为：

$$c = 331.4 + 0.61T \tag{10-6}$$

可以使用数字式温度传感器（如 DS18B20）测量温度 T，利用式（10-6）对超声波的速度 c 进行补偿。当测距精度要求不高时，可以认为 $c = 340$ m/s 是一个常数。

10.2.2　超声波测距模块

超声波测距模块 HC-SR04 基本参数及引脚功能见表 10-1 和表 10-2。

表 10-1　超声波测距模块 HC-RS04 基本参数

工作电压	5 V
静态工作电流	小于 5 mA
感应角度	不大于 15°

表 10-2　超声波测距模块 HC-RS04 引脚功能

引脚名	功能说明
VCC	电源输入，5 V
Trig	控制端输入
Echo	回响信号输出
GND	接地端

（1）由处理器在 Trig 引脚产生一个不小于 10 μs 的高电平信号 P_X 触发 HC-SR04 测距模块进行测距，此时 Echo 引脚输出信号 $P_R=0$。

（2）模块在收到 Trig 触发信号 P_X 后，自动发送 8 个 40 kHz 的方波 T_S，并且自动检测是否有信号返回。

（3）当检测到有信号 R_S 返回时，通过 Echo 口输出一个高电平信号 P_R，高电平信号持续的时间就是超声波从发射到返回的时间（渡越时间）t_W。

超声波测距模块 HC-SR04 的信号时序如图 10-2 所示。

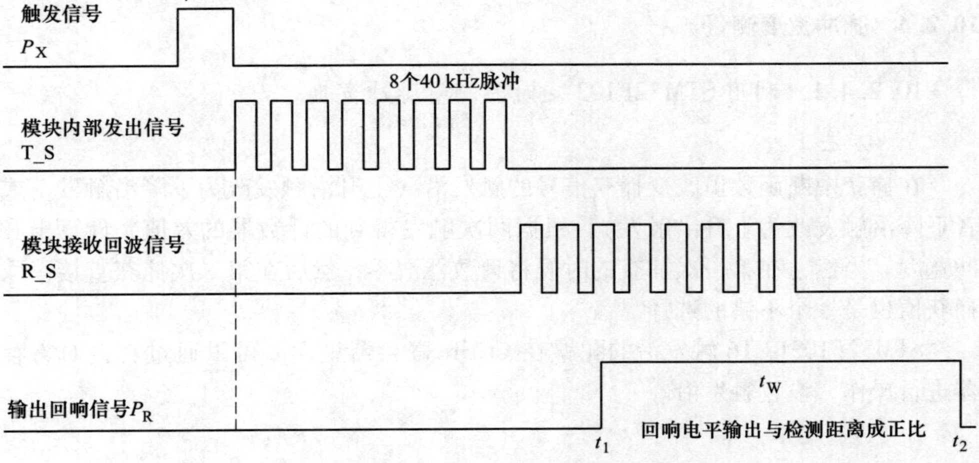

图 10-2　超声波测距模块 HC-SR04 的信号时序图

（4）超声波测距模块距离目标物反射面的距离为：

$$x = \frac{c \times t_W}{2} = \frac{340 \times t_W}{2} = 170 \times t_W \tag{10-7}$$

10.2.3 时间测量

可以利用微处理器（单片机）的定时器进行渡越时间 t_W 的测量。

10.2.3.1 使用超声波传感器

由处理器控制超声波发射时间，按照超声波发射器（接收器）的工作频率，处理器连续发出 6~10 个脉冲信号送到发射驱动电路，产生发射器 TX 的驱动信号。发射信号的同时启动定时器开始计时。

超声波接收器 RX 输出的信号送到放大电路、波形比较与整形电路，检出反射回来的超声波信号，变换为 TTL 电平脉冲信号。这个脉冲信号送到处理器的中断输入引脚（或定时器捕获输入信号引脚），一旦收到反射回来的超声波，立即停止计时，读取定时器的时间值，这个时间就是渡越时间 t_W。

10.2.3.2 使用超声波测距模块

当前有很多超声波测距模块，例如 HC-SR04 超声波测距模块等，这类模块将超声波发射器和接收器集成在一个 PCB 上，并对信号进行了处理。在测距时，只需要处理器产生一个不小于 10 μs 的高电平脉冲控制信号送到 HC-SR04 的控制端，模块 HC-SR04 的内部电路就会产生 8 个 40 kHz 方波脉冲驱动超声波发射器发射 8 个超声波脉冲。接收器如果接收到回波，就输出一个高电平脉冲，这个脉冲的高电平宽度就是超声波从发射到返回的时间（渡越时间 t_W）。处理器只需要测量这个输出脉冲信号的宽度，就获得了渡越时间 t_W。

10.2.4 脉冲宽度测量

10.2.4.1 利用 STM32F103 定时器测量脉冲宽度

A 方法 1

在捕获中断函数里改变捕获信号的触发沿（上升沿触发改为下降沿触发，或者下降沿触发改为上升沿触发），根据两次触发得到的计数器的差值，计算出脉冲宽度。当然，在第一次捕获的时候将计数器清零，然后在第二次捕获直接读取捕获值也是一个不错的选择。

STM32F103RCT6 触发沿的配置在 CCER 寄存器里面，可以通过直接对寄存器进行操作，设置触发沿。

B 方法 2

利用定时器的 PWM 输入模式进行测量。PWM 模式其实就是利用了定时器捕获单元映射功能，定时器捕获单元 1（IC1）和捕获单元 2（IC2）可以映射到同一个捕获通道，一个捕获单元配置成捕获上升沿信号，另一个捕获单元配置成捕获下降沿信号，那么两个捕获值的差就是脉冲宽度的值。

10.2.4.2 利用 51（52）系列单片机测量脉冲宽度

此法是利用了定时器方法 1（16 位定时器）在 GATE = 1 的定时功能。在 GATE = 1 时，只有在 INT0 = 1 定时器才计数，如图 10-3 所示。

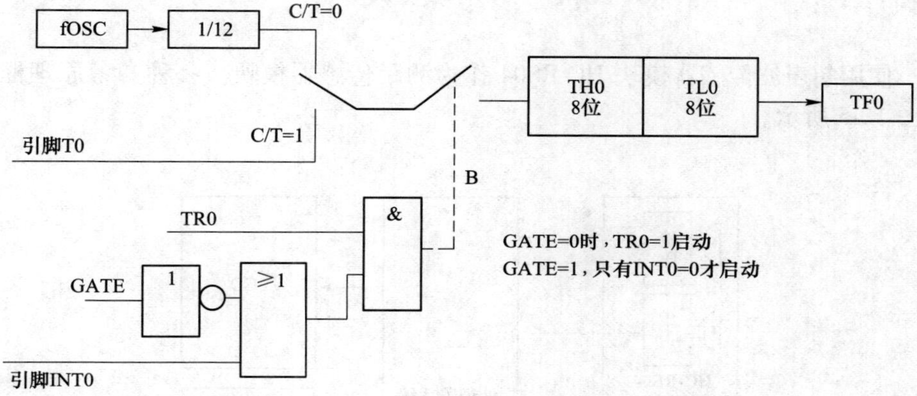

图 10-3 51(52) 系列单片机在 GATE = 1 时的计数功能

设置 T0 工作在 16 位模式，允许外部中断输入 INT0 中断，将待测脉冲信号 P_{R} 连接到 INT0 引脚，如图 10-4 所示。

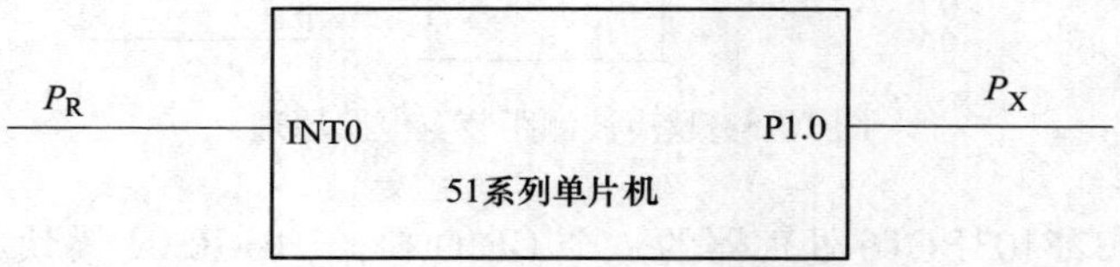

图 10-4 51 系列单片机测脉冲宽度

（1）设置好 T0 的工作方式，时间常数 TH0 = TL0 = 0，启动 T0，这时 T0 处于等待计数状态，直到传感器输出信号 INT0 = P_R = 1，才开始计时。

（2）利用一个 GPIO 引脚（如 P1.0）产生控制信号 P_X，启动超声波发射 8 个 40 kHz 脉冲。

（3）传感器等待检测到回波，在 t_1 时刻使信号由 $P_R = 0$ 变为 $P_R = 1$，单片机的定时器 T0 开始计时。

（4）在 t_2 时刻，P_R 变为 0，定时器 T0 停止计时。

（5）信号 $P_R = 1$ 在 t_2 时刻变为 $P_R = 0$，除了停止 T0 计时外，还触发 INT0 中断，在终端服务程序中读取 T0 时间常数寄存器的 16 位时间常数值 N_t =

(TH0)(TL0)。

设 T0 计数周期为 T_C（初始化时设定），则可计算出渡越时间为：

$$t_W = N_t \times T_C \tag{10-8}$$

无论是使用 STM32 处理器，还是使用 51(52) 系列单片机，实际上都是使用它们的片内定时器/计数器进行时间测量。

10.3 方案设计

使用超声波传感器模块 HC-RS04 作为测距传感器模块。一种参考原理框图如图 10-5 所示。

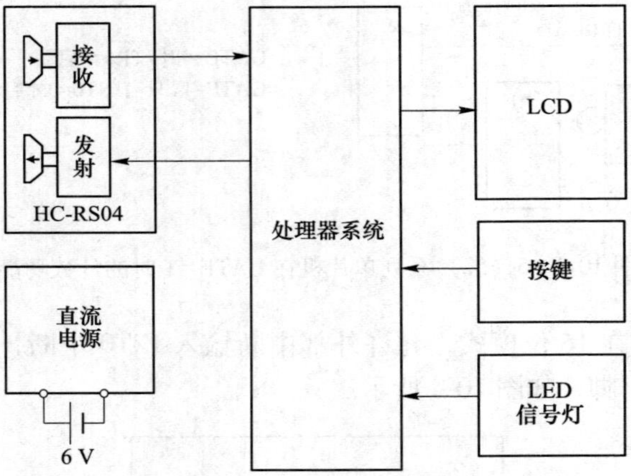

图 10-5 超声波测距装置电路原理

利用 STM32F103RCT6 处理器的一个 GPIO 口给 HC-RS04 模块提供一个小于 10 μs 的脉冲信号，HC-RS04 则通过发射电路产生并发送超声波脉冲信号，该脉冲在被测物上产生反射，反射信号被接收电路接收并处理，输出一个高电平脉冲。该高电平信号持续的时间就是超声波从发射到返回的时间。利用 STM32F103 处理器测量高电平宽度，就可获得超声波从发射到返回的时间 t。由于在特定环境下，超声波的传播速度 c 是一个常数，因此在获得传播时间 t 后，就可用式 (10-5) 计算距离。

10.4 程序设计

(1) 主程序。主程序可参照 2.4 节设计举例中主程序例编写，一个可供参考的主程序流程如图 10-6 所示。

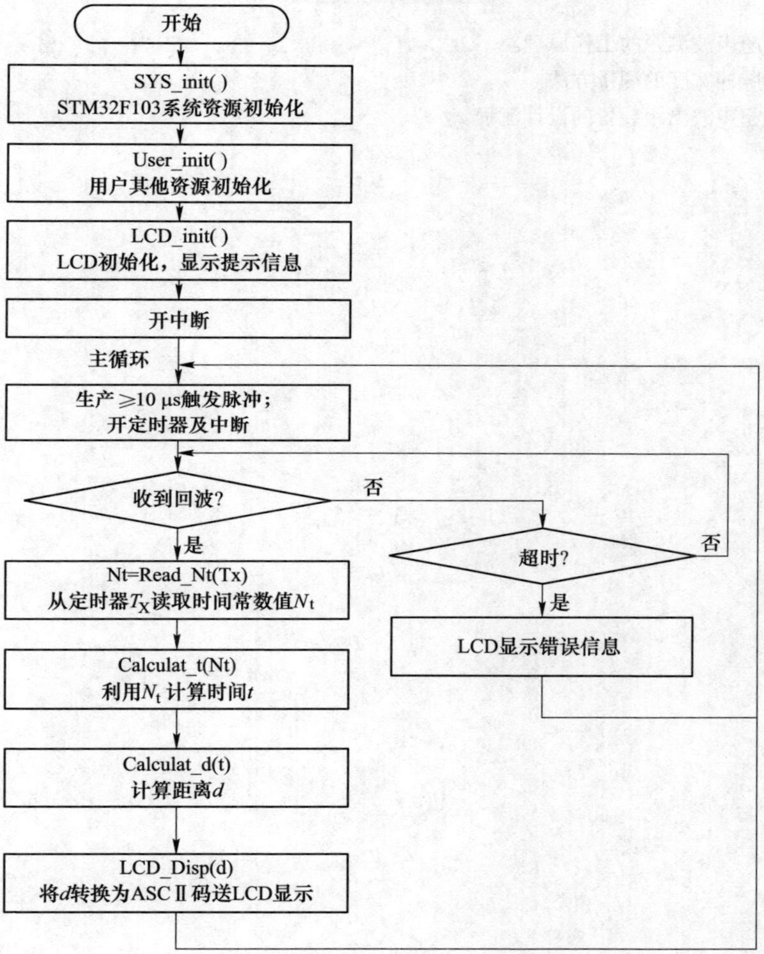

图 10-6　主程序流程框图

（2）读取定时器计数值函数。关闭中断，读取指定通道 T_X 的时间常数值。可以直接读取 T_X 指定的定时器通道的时间常数。该时间常数值对应于 HC-RS04 的 ECHO 引脚输出高电平宽度。

（3）计算时间函数。利用时间常数 N_t 按式（10-8）编写计算时间 t 的函数。

（4）计算距离函数。利用时间 t 按式（10-7）编写计算时间距离的函数。

（5）其他函数。参照 2.4 节设计举例编写所需要的其他功能函数。

思 考 题

10-1 简述超声波测距的工作原理。

10-2 简述脉冲宽度的测量方法。

10-3 简述超声波测距装置的设计流程。

11　具有 ZigBee 数据传输功能的可燃气体浓度检测与报警装置设计

11.1　设计目标

设计目标如下。

（1）使用 MQ-2 气体传感器进行燃气浓度检测。

（2）使用 LCD 显示测量结果。

（3）电源：电池供电。

（4）具有进入低功耗和电池电量检测功能，电池电量低时报警。

（5）利用 ZigBee 进行气体浓度和报警信息传送，可构成无线传感器网络。

11.2　方案设计

11.2.1　电路设计

气体传感器 MQ-2 将可燃气体浓度转换为 0~5 V 的模拟信号 U_{MQ} 输出，U_{MQ} 经过信号调理电路输出 0~3.3 V 的模拟信号 $U_b = 0.66U_{MQ}$。电压信号 U_b 经嵌入式系统模拟量输入接口 JAD 的 U2 送到嵌入式处理器 STM32F103RCT6 的 AD_IN1 引脚，由处理器内部的 12 位 AD 转换器将 U_b 转换为数字信号 N_{AD}。处理器读取 AD 转换后的数值 N_{AD}，并利用 N_{AD} 计算出气体浓度 C_{gas}。C_{gas} 与比较预置 C_{REF} 进行比较，若 $C_{gas} \geqslant C_{REF}$，需进行报警，并打开换气扇，若 $C_{gas} < C_{REF}$，则清除报警，关闭换气扇。当前测量值 $C_{gas}(k)$ 与前一次测量 $C_{gas}(k-1)$ 值比较，如果 $e(k) = \dfrac{|C_{gas}(k) - C_{gas}(k-1)|}{C_{gas}(k)} < 0.1$，则每间隔 100 次测量通过 ZigBee 广播一次测量结果和报警信息，如果 $e(k) = \dfrac{|C_{gas}(k) - C_{gas}(k-1)|}{C_{gas}(k)} \geqslant 0.1$，则直接通过 ZigBee 广播本次测量结果和报警信息。电路原理如图 11-1 所示。

11.2.2　气体检测模块

可燃性气体的检测传感器 MQ-2 属于表面离子式 N 型半导体传感器，当与可燃气体（一氧化碳）接触时，传感器的电导（电阻）会发生变化，经过变换电

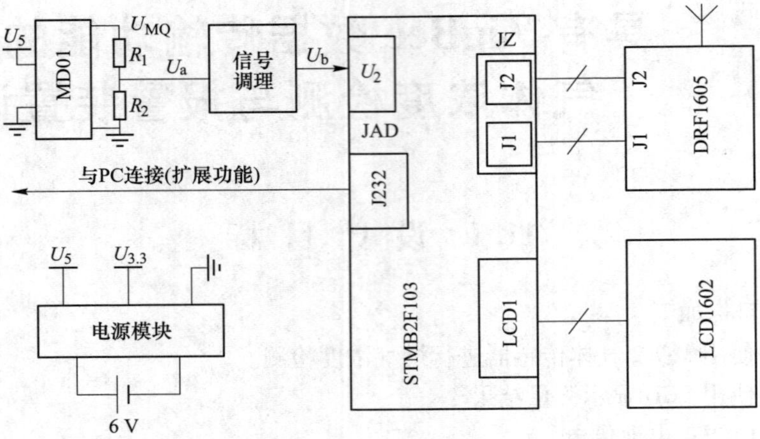

图 11-1　具有 ZigBee 数据传输功能的可燃气体检测装置

路转换为输出电压的变化。MQ-2 传感器外形如图 11-2 所示，引脚功能见表 11-1。

图 11-2　MQ-2 传感器外形

表 11-1　MQ-2 引脚功能

引脚序号	1	2	3	4
引脚名称	AO	DO	GND	VCC
功能	模拟量输出	开关量输出	接地端	5 V 电源

MQ-2 模块主要有四个引脚，分别为 AO 输出端、DO 输出端、GND 接地端和 VCC 电源端。AO 输出端主要是将检测到的可燃性气体的浓度转化为模拟电压输出，输出电压为 0~5 V；DO 输出端主要是输出 TTL 电平，通过调节电位器可以调节门槛电压，当测得浓度大于门槛电压时，输出低电平，反之输出高电平，可

以用来控制蜂鸣器、继电器等；GND 为接地端；VCC 接 5 V 的供电电源。MQ-2 传感器的输出电压 U_{MQ} 与气体浓度 C_{gas} 的关系如图 11-3 所示。

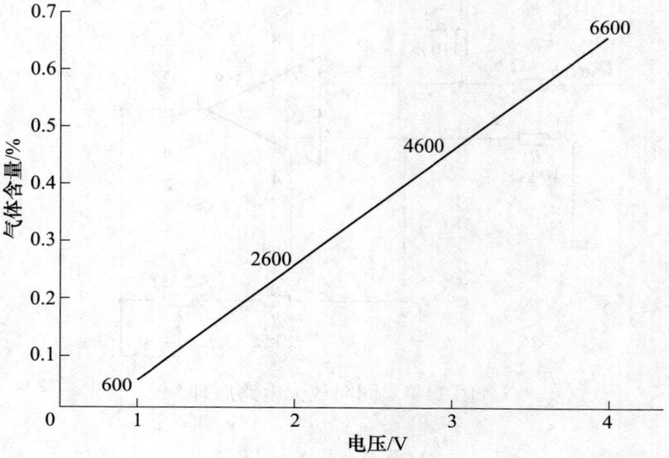

图 11-3　MQ-2 传感器输出特性曲线

根据图 11-3 的输出特性，MQ-2 的输出特性可用 $C_{gas} = a \cdot U_{MQ} + b$ 来描述。$U_{MQ} = 1$ V 时，$C_{gas} = 600$；在 $U_{MQ} = 4$ V 时，$C_{gas} = 6600$，利用这两个数据，可以求出 a、b，得到输出特性为：

$$C_{gas} = 2000 \times U_{MQ} - 1400 \tag{11-1}$$

我们无法用处理器直接获得 U_{MQ}，只能利用处理器读取经过 AD 转换后的数字信号。MQ-2 输出电压 U_{MQ} 满量程值 $U_{MQMAX} = 5$ V，STM32F103RCT6 满量程输入电压为 $U_{ADMAX} = 3.3$ V，因此 U_{MQ} 需要衰减后才能送 AD 转换电路。衰减比例为：

$$K = \frac{U_{ADMAX}}{U_{MQMAX}} = \frac{3.3}{6} = 0.66 \tag{11-2}$$

$$U_b = 0.66U_{MQ} \tag{11-3}$$

在图 11-1 中，信号调理电路选择由运算放大器构成的同相放大电路，如图 11-4 所示。

运放同相端电压

$$U_+ = \frac{R_2}{R_1 + R_2}U_{MQ} = 0.5U_{MQ} \tag{11-4}$$

$$U_b = \left(1 + \frac{R_4 + R_5}{R_3}\right)U_+ = 0.5\left(1 + \frac{R_4 + R_5}{R_3}\right)U_{MQ} \tag{11-5}$$

满足式（11-2）的增益要求，就是要满足

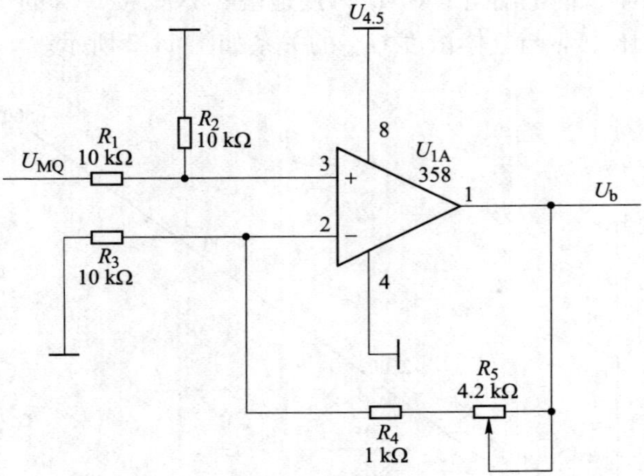

图 11-4　同向放大电路原理

$$0.5\left(1+\frac{R_4+R_5}{R_3}\right)=0.66 \tag{11-6}$$

在选择 $R_3 = 10\ \text{k}\Omega$ 时，就是 $R_4 + R_5 = 32\ \text{k}\Omega$。选择 $R_4 = 1\ \text{k}\Omega$，可调电阻 $R_5 = 22\ \text{k}\Omega$，这时电路的增益调节范围为 0.55~0.76。通过调整 R_5，使得增益 $K = 0.66$，送到 AD 的电压 $U_b = 0.66U_{MQ}$。

我们只能利用处理器读取经 AD 转换后 U_b 对应的数字信号 N_{AD}，然后利用 N_{AD} 求出对应的电压 U_b，利用式（11-3）计算出 U_{MQ}，然后再利用式（11-1）计算对应的气体浓度 C_{gas}。在使用 12 位 AD 且 AD 的基准电压为 3300 mV 时，电压 U_b 的对应的 AD 值为：

$$N_{AD}=\frac{U_b}{3300}\times(2^{12}-1)=\frac{4095}{3300}\times U_b \tag{11-7}$$

电压 U_b 的单位为 mV。我们能够利用处理器读取 AD 转换值 N_{AD}，从而计算出 U_b 和传感器的输出信号电压 U_{MQ}。

$$U_b=\frac{3300}{4095}\times N_{AD} \tag{11-8}$$

$$U_{MQ}=\frac{U_b}{0.66}=\frac{1000}{819}\times N_{AD} \tag{11-9}$$

将其代入式（11-1）就得到利用 AD 值 N_{AD} 计算气体浓度的公式。

$$C_{gas}=2000U_{MQ}-1400=\frac{2000000}{819}\times N_{AD}-1400 \tag{11-10}$$

可以参照第 2 章的设计来完成气体浓度检测与报警装置的设计，只需要将电压计算改为用式（11-10）计算气体浓度。

思 考 题

11-1 简述利用 MQ-2 气体传感器进行燃气浓度检测的工作原理。

11-2 简述可燃气体浓度检测装置的设计流程。

12 具有 ZigBee 数据传输功能的光照度检测装置设计

12.1 设计目标

设计目标如下。

(1) 使用硅光二极管 SFH123（或其他型号）传感器进行光照度检测。

(2) 光照度测量范围：0.1~10000 lux。

(3) 使用 LCD 显示测量结果，显示分辨率 0.01 lux。

(4) 电源：电池供电。

(5) 具有进入低功耗和电池电量检测功能，电池电量低时报警。

(6) 利用 ZigBee 进行测量结果传送，可构成无线传感器网络。

12.2 方案设计

12.2.1 电路设计

硅光电二极管 SFH123 传感器的输出光电流 I_P 与光照强度 E_V 具有近似线性关系，光照强度大，光电流随之增大。在硅光二极管 SFH123 的输出端外接一个电阻构成一个电流回路。光电池流过电阻 R_P，在电阻上得到电压 $U_P=I_P\times R_P$。电压 U_P 由信号调理电路放大 K_P 倍得到输出电压 $U_a=K_P\times U_P$，选择适当的放大倍数，使得在最大光照度 $L_P=10000$ lux 时，U_b 等于 AD 的满量程输入信号 3.3 V。电压信号 U_b 经嵌入式系统模拟量输入接口 JAD 的 U2 送到嵌入式处理器 STM32F103-RCT6 的 AD_IN1 引脚，由其内部的 12 位 AD 转换器将 U_a 转换为数字信号 N_{AD}。处理器读取 AD 转换后的数值 N_{AD}，并利用 N_{AD} 计算出光照度值 E_V。当前光照度测量值 $E_V(k)$ 与前一次测量 $E_V(k-1)$ 值比较，如果 $e(k)=\dfrac{|E_V(k)-E_V(k-1)|}{E_V(k)}<0.1$，则每间隔 100 次测量通过 ZigBee 广播一次测量结果，如果 $e(k)=\dfrac{|E_V(k)-E_V(k-1)|}{E_V(k)}\geqslant 0.1$，则直接通过 ZigBee 广播本次测量结果 $E_V(k)$。

光照度测量装置的一种原理框图如图 12-1 所示。

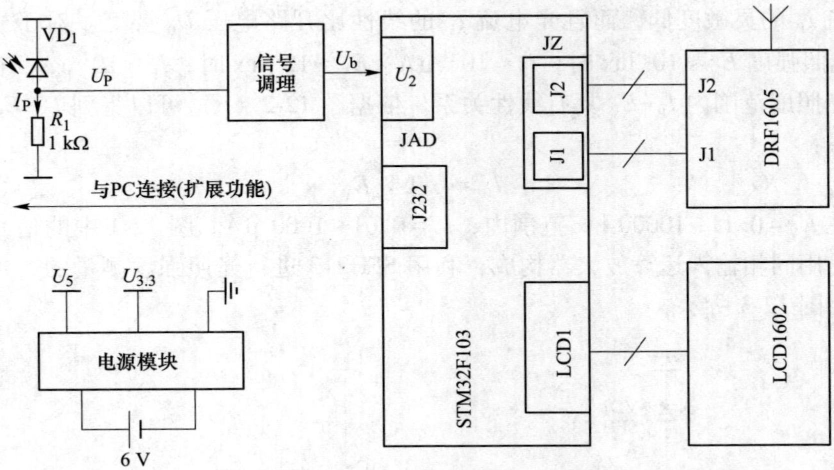

图 12-1　具有 ZigBee 数据传输功能的光照度检测装置

12. 2. 2　硅光电二极管 SFH213

光电二极管 SFH213 的光谱特性和输出特性如图 12-2 所示。

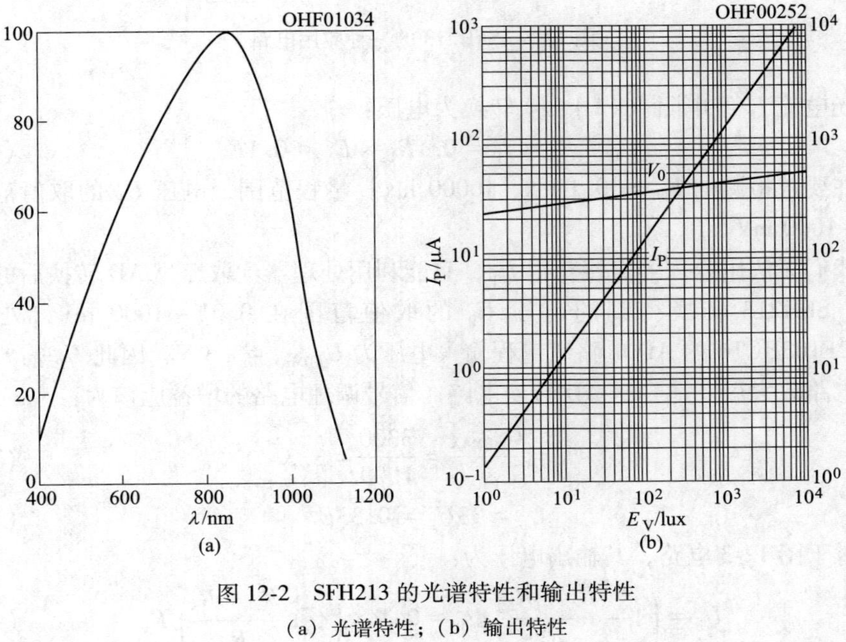

图 12-2　SFH213 的光谱特性和输出特性

（a）光谱特性；（b）输出特性

从光谱特性可以看出，SFH213 的灵敏度随着光的波长而变化，最高灵敏度在波长 λ 为 850 nm 左右。输出特性表明，BPW34 的开路输出电压 U_0 灵敏度比光电流 I_P 的灵敏度低，而且光电流 I_P 的线性比开路电压 U_0 要宽。对于光电流 I_P，光照强度 $E_V \approx 10^0$ lux 时，$I_P \approx 10^{-1}$ μA；$E_V \approx 10^3$ lux 时，$I_P \approx 10^2$ μA，在所要求的光照度范围内 I_P-E_V 具有线性关系。依据图 12-2（b）可以得到 I_P-E_V 的近似关系：

$$I_P = 0.1 \times E_V \tag{12-1}$$

在 $E_V = 0.11 \sim 10000$ lux 范围内，$I_P = 0.01 \sim 1000$ μA。图 12-1 中的信号调理电路使用同相输入运算放大器构成，利用 SFH213 进行光照强度测量的一种应用电路如图 12-3 所示。

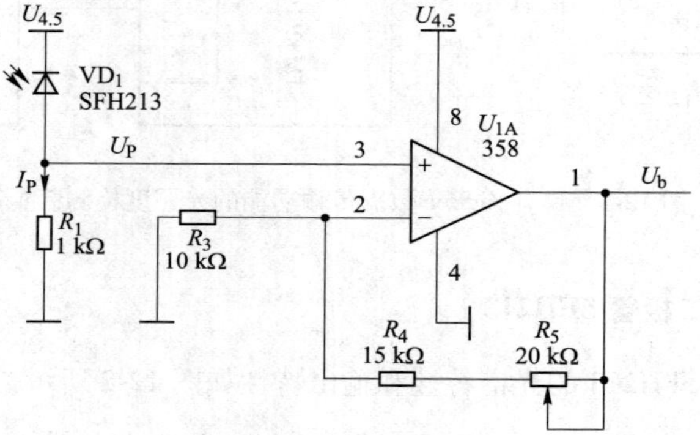

图 12-3　SFH213 的一种应用电路

光电流 I_P 经电阻 R_1(1 kΩ) 转换为电压：

$$U_P = R_1 \times I_P = 0.1R_1 \times E_V = 0.1E_V \tag{12-2}$$

在要求检测的 $E_V \in [0.1\ \text{lux},\ 10000\ \text{lux}]$ 量程范围，电压 U_P 的取值范围在 0.01～1000 mV。

我们无法用处理器直接获得 U_P，只能利用处理器读取经过 AD 转换后的数字信号。SFH213 转换得到的电压 U_P 的取值范围在 0.01～1000 mV，处理器 STM32F103RCT6 的 AD 电路满量程输入电压为 $U_{ADMAX} = 3.3$ V，因此 U_P 需要信号调理电路放大后才适合送 AD 转换电路。信号调理电路的增益应该为：

$$K = \frac{U_{ADMAX}}{U_{PMAX}} = \frac{3300}{1000} = 3.3 \tag{12-3}$$

$$U_b = 33U_P = 0.33E_V \tag{12-4}$$

对于图 12-3 电路，其输出电压为：

$$U_b = \left(1 + \frac{R_4 + R_5}{R_3}\right) U_P = 0.1 \times \left(1 + \frac{R_4 + R_5}{R_3}\right) E_V \tag{12-5}$$

要满足式（12-4）的增益要求，需要满足：

$$0.1\times\left(1+\frac{R_4+R_5}{R_3}\right)=0.33 \tag{12-6}$$

在选择 $R_3=10\ \text{k}\Omega$ 时，$R_4+R_5=23\ \text{k}\Omega$，选择电阻 $R_4=15\ \text{k}\Omega$，电位器 $R_5=20\ \text{k}\Omega$，增益 K 的调节范围为 0.25~0.45，可满足增益调整的需要。调整 R_5，使得 $U_b=0.33E_V$。

在使用 12 位 AD 且 AD 的基准电压为 3300 mV 时，电压 U_b 的对应的 AD 值为：

$$N_{AD}=\frac{U_b}{3300}\times(2^{12}-1)=\frac{4095}{3300}\times U_b=\frac{819}{660}\times U_b \tag{12-7}$$

电压 U_b 的单位为 mV。利用处理器读取 AD 转换值 N_{AD}，从而计算出 U_b。

$$U_b=\frac{3300}{4095}\times N_{AD} \tag{12-8}$$

利用式（12-4）可以得到光照强度：

$$E_V=\frac{U_b}{0.33}=\frac{2000}{819}\times N_{AD} \tag{12-9}$$

利用处理器读取经 AD 转换后 U_b 对应的数字信号 N_{AD}，然后通过式（12-8）利用 N_{AD} 求出对应的电压 U_b，再利用式（12-4）计算 U_b 对应的光照度 E_V，或利用式（12-9）编程序直接用 N_{AD} 计算出光照度 E_V。

可以参照第 2 章的设计来完成光照度检测装置的设计，只需要将电压计算改为用式（12-9）计算光照强度 E_V。

思 考 题

12-1 简述利用硅光电二极管 SFH123 进行光照度检测的工作原理。

12-2 简述光照度检测装置的设计流程。

13　具有 ZigBee 数据传输功能的智能照明控制装置设计

13.1　设 计 目 标

设计目标如下。

（1）以 LED 照明灯为控制对象，能够通过 ZigBee 网络进行开灯、关灯和亮度控制。

（2）具有测光功能和自动调光功能。利用数字式光照度传感器测量灯下亮度，控制光照强度维持在舒适的亮度。

（3）具有照明灯状态检测功能，能够检测出关灯、开灯状态，在开灯状态能够检测光照度。

（4）该装置能够接入 ZigBee 网络，利用 ZigBee 进行控制和监测信息传送。

（5）电源：4.5~5.5 V 直流供电。

13.2　测 量 原 理

智能照明控制装置由嵌入式处理器模块、ZigBee 模块、光照度测量电路、LED 驱动电路等组成。嵌入式处理器利用光照度检测模块实现光照度的测量，然后利用一定的算法计算出 LED 的电流（PWM 脉冲宽度），通过控制 PWM 脉冲宽度达到控制 LED 电流，并最终控制 LED 发光强度实现光照度控制的目的。

照明用 LED 在正向偏置状态下工作，当正向电压达到它的正向导通电压时，二极管开始发光。随着正向电压的进一步增大，流过二极管的正向电流急剧增大，发光二极管的亮度也急剧增加，继续增大正向电压，电流继续急剧增大，电流超过 LED 的允许值时将烧毁 LED。故照明用 LED 属于一种电流驱动型器件，应该通过控制流过 LED 器件的电流来控制它的亮度。一种白光 LED 的光强度-电流特性如图 13-1 所示。

从图 13-1 可以看出，在一定电流以下，LED 的光强度与电流具有近似线性关系，电流增大，光强度线性增大。但电流超过一定值以后，光强度增加量变小，光强度趋于饱和，电功率主要变为发热。

为了减小损耗、提高效率，LED 调光一般采用 PWM 控制方式，如图 13-2 所示。

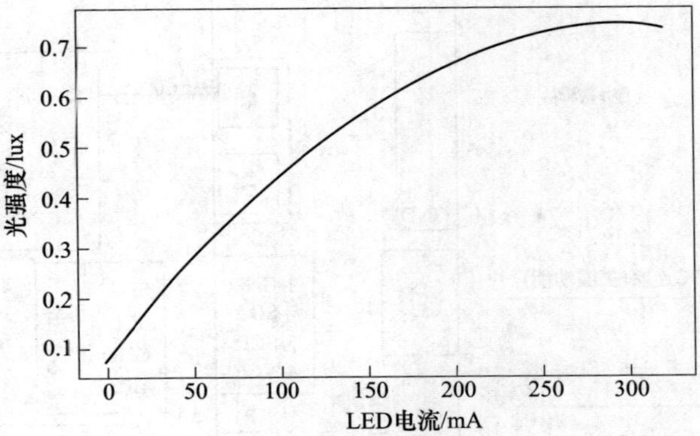

图 13-1 LED 光强度-电流特性

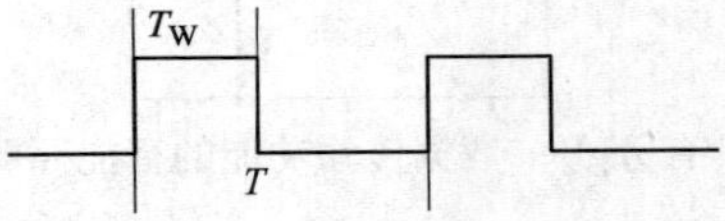

图 13-2 PWM 调光原理

设电流峰值为 I_M，PWM 的脉冲周期为 T，脉冲宽度为 T_W，则一个周期 T 内流过 LED 的电流平均值为:

$$I = \frac{T_W}{T} \times I_M \tag{13-1}$$

在 $T_W = T$ 时，流过 LED 的电流 $I = I_M$ 最大，LED 发光最强。随着 T_W/T 变小（周期 T 固定，脉冲宽度 T_W 变小），平均电流变小，发光亮度也变小。这样通过控制一个功率开关器件的导通-截止时间比，就能实现调光控制。控制周期 T 小（PWM 脉冲频率 $f = 1/T$ 高），光稳定性好，单频率高功率开关器件的开关损耗大。只要 $f > 2$ kHz，人眼就不会感觉到 LED 光的闪烁。

选择一种光敏传感器对光照度进行检测，并依据检测结果和控制策略自动改变 PWM 脉冲宽度 T_W，光照度低时加大 T_W，光照太强时减小 T_W，从而可实现光照度的自动控制。

光照度测量参照第 7 章的光照度检测方法，利用数字式光照度检测模块 GY-302 或其他的传感器测量光照强度。

13.3 方案设计

13.3.1 总体设计方案

一种使用第 2 章所述嵌入式系统作为控制器的参考方案如图 13-3 所示。

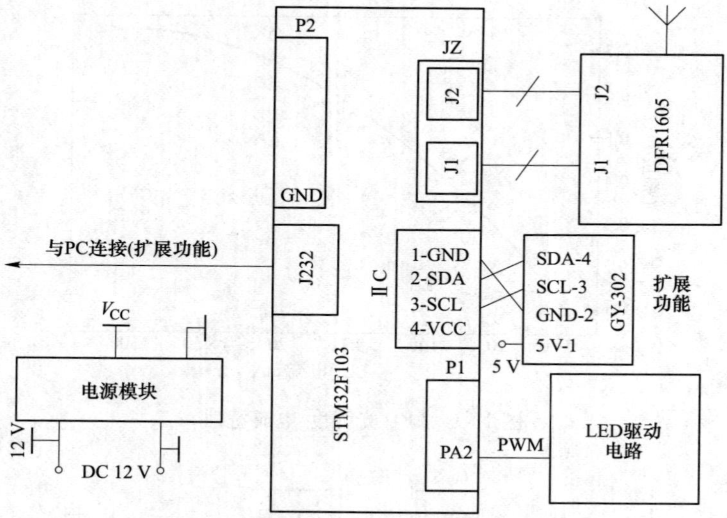

图 13-3　具有 ZigBee 数据传输功能的智能照明控制装置

13.3.2　LED 驱动电路

一个简单的 LED 驱动电路如图 13-4 所示。

嵌入式处理器根据光照度测量电路测得的光照度，产生 PWM 控制信号，控制 T1 在一个 PWM 周期的导通时间，达到控制 LED 平均电流的目的。该电路需要控制好 U_+，使得 $T_W = T$ 时，电流 $I = I_M$ 不超过允许值。

照明用 LED 器件是电流驱动型器件，对于 LED 照明电路，最好是能使用电流型 PWM 驱动方式。一种使用专用集成电路 PT4115 的 LED 照明灯控制电路如图 13-5 所示。

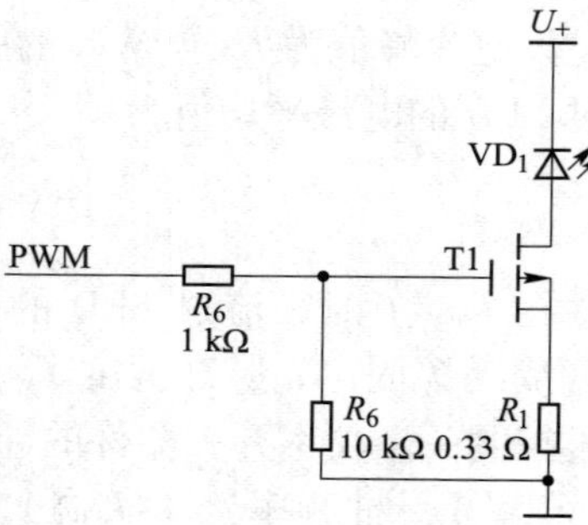

图 13-4　简易 LED 调光电路

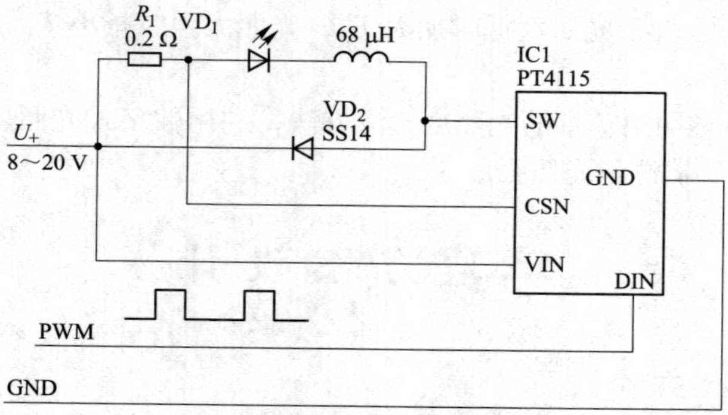

图 13-5　LED 恒流驱动电路

PT4115 是一款连续电感电流导通模式的降压恒流源，用于驱动一颗或多颗串联 LED，它的输入电压范围从 8 V 到 30 V，输出电流可调，最大输出电流可达 1. 2 A。PT4115 引脚描述见表 13-1。

表 13-1　PT4115 引脚功能

引脚号	引脚名	功　能
1	SW	功率开关漏极，接 LED 回路
2	GND	信号地和功率地
3	DIN	控制信号输入，可接 PWM 控制信号
4	CSN	电流采样端，采样电阻接在 CSN 和 VIN 端之间
5	VIN	电源输入端，必须就近接旁路电容

使用 PT4115 或类似的专用集成电路设计 LED 照明驱动电路，处理器依据光照度测量值计算产生 PWM 控制信号的宽度，利用 PWM 信号控制 PT4115 产生 LED 所需要的驱动电流。

13. 3. 3　光照度测量

参照第 7 章数字式光照度传感器 GY-302 的测光方法测量光照强度。

思　考　题

13-1　简述 LED 亮度调节的工作原理。

13-2　简述智能照明控制装置的设计流程。

14 基于 CC2530 的无线测距装置设计

14.1 设 计 目 标

设计目标如下。

（1）利用两个 CC2530 无线通信模块，测量两个节点之间的距离，其中一个作为移动节点，另一个作为锚节点。测距范围 0.1~10 m。

（2）移动节点发送测距请求，锚节点对请求进行应答，由移动节点和锚节点分别进行距离计算，移动节点通过无线方式将距离测量值发送给锚节点。

（3）锚节点利用 RS232 接口，将移动节点的测距值和锚节点的测距值送到 PC，在 PC 上显示测距结果（PC 可以使用串口调试工具，也可以用其他方式显示）。

14.2 设 计 思 路

移动节点发送测距请求报文给锚节点，锚节点收到这个测距请求报文，回答一个包含接收功率值的应答报文。移动节点利用该应答报文中的无线功率值进行测距计算得到距离值。在自由空间，无线电信号强度随从发射机到接收机的距离增加而衰减。距离发射机 d 处的天线接收到的无线电信号强度为：

$$P_r(d) = \frac{P_t \cdot G_t \cdot G_r \cdot \lambda^2}{(4\pi d)^2 \cdot l} \tag{14-1}$$

式中 $P_r(d)$——距离发射机 d 处的接收功率；

P_t——发射机发射功率；

G_t——发射天线增益；

G_r——接收天线增益；

λ——波长；

l——与传播无关的损耗因子。

实际应用中，由于无线传感器网络的节点是密布的，再加上反射、多经效应、天线增益、信道参数不稳定等因素，实际传播损耗特性比式（14-1）要复杂。实际使用中，当无线电发射功率不变时，通常使用经验公式（14-2）计算接收功率。

$$P_r(d) = -10n\lg\left(\frac{d}{d_0}\right) + P_0(d_0) + X_\sigma \tag{14-2}$$

式中 $P_r(d)$——距离发射机 d 处的接收功率；

$P_0(d_0)$——距离发射机 d_0 处的参考信号强度；

n——信号传播路径衰落系数，与特定环境有关；

X_σ——由遮蔽效应引起的正态分布随机变量。

选择 $d_0=1$ m，令 $P_r(1)+X_\sigma=A$ 时，公式可以简化为：

$$P_r(d) = -10n\lg d + A \tag{14-3}$$

芯片 CC2530 已经对接收功率强度进行处理并将 RSSI 值存储在接收缓冲 FIFO 中。利用 CC2530 进行无线测距，可先测出两个已知距离（例如 $d=1$ m 和 $d=5$ m，也可以选择其他距离）处的信号强度 RSSI(1)、RSSI(5)，计算出 n 和 A。

$$\begin{cases} \mathrm{RSSI}(1) = 10n\lg 1 + A \\ \mathrm{RSSI}(5) = 10n\lg 5 + A \end{cases} \tag{14-4}$$

$$\begin{cases} A = \mathrm{RSSI}(1) \\ n = \dfrac{\mathrm{RSSI}(5) - \mathrm{RSSI}(1)}{10\lg 5} \approx 0.143[\mathrm{RSSI}(5) - \mathrm{RSSI}(1)] \end{cases} \tag{14-5}$$

然后就可以利用式（14-3）计算出距离 d。需要注意的是，利用 RSSI 测距时，每次测量都存在一定的随机测量误差，为了减小随机测量误差的影响，应该对 RSSI(1)、RSSI(5) 进行多次测量（如 10 次）后取平均值。

$$
\begin{cases}
\text{RSSI}(1)=\dfrac{\sum\limits_{k=1}^{10}\text{RSSI}_k(1)}{10}\\
\text{RSSI}(5)=\dfrac{\sum\limits_{k=1}^{10}\text{RSSI}_k(5)}{10}
\end{cases}
\tag{14-6}
$$

式中　$\text{RSSI}_k(1)$——第 k 次 $d=1$ m 时的 RSSI 测量值；

　　$\text{RSSI}_k(5)$——第 k 次 $d=5$ m 时的 RSSI 测量值。

通过读取 CC2530 的接收 FIFO 可以得到 RSSI 值。求出 n 和 A 值后，就可以利用式（14-3）得出计算距离的公式：

$$
\lg d=\frac{P_\text{r}(d)-A}{10n} \tag{14-7}
$$

$$
d=10^{\frac{P_\text{r}(d)-A}{10n}} \tag{14-8}
$$

同理，由于利用 RSSI 测距存在较大的随机测量误差，应该进行多次测量取平均值作为最终测量结果。

14.3　测距装置设计

14.3.1　CC2530 无线通信模块电路设计

图 14-1 为一种 CC2530 无线通信和测距模块电路原理图，包括一片 CC2530 芯片、一个 RS232 通信接口、一个复位按键、两个接在通用 IO 口上的按键（可自定义按键功能）、两个接在通用 IO 口上的 LED 信号灯、CC2530 程序下载与调试接口、板载 PCB 天线等。

14.3.2　程序设计

可以使用 TI 的 ZigBee 协议栈，在此协议栈的基础上添加无线测距仪功能实现测距要求。

为简化程序，可不使用 ZigBee 协议栈，而是直接对 CC2530 编程实现测距操作。一个移动节点的主程序参考流程如图 14-2 所示。

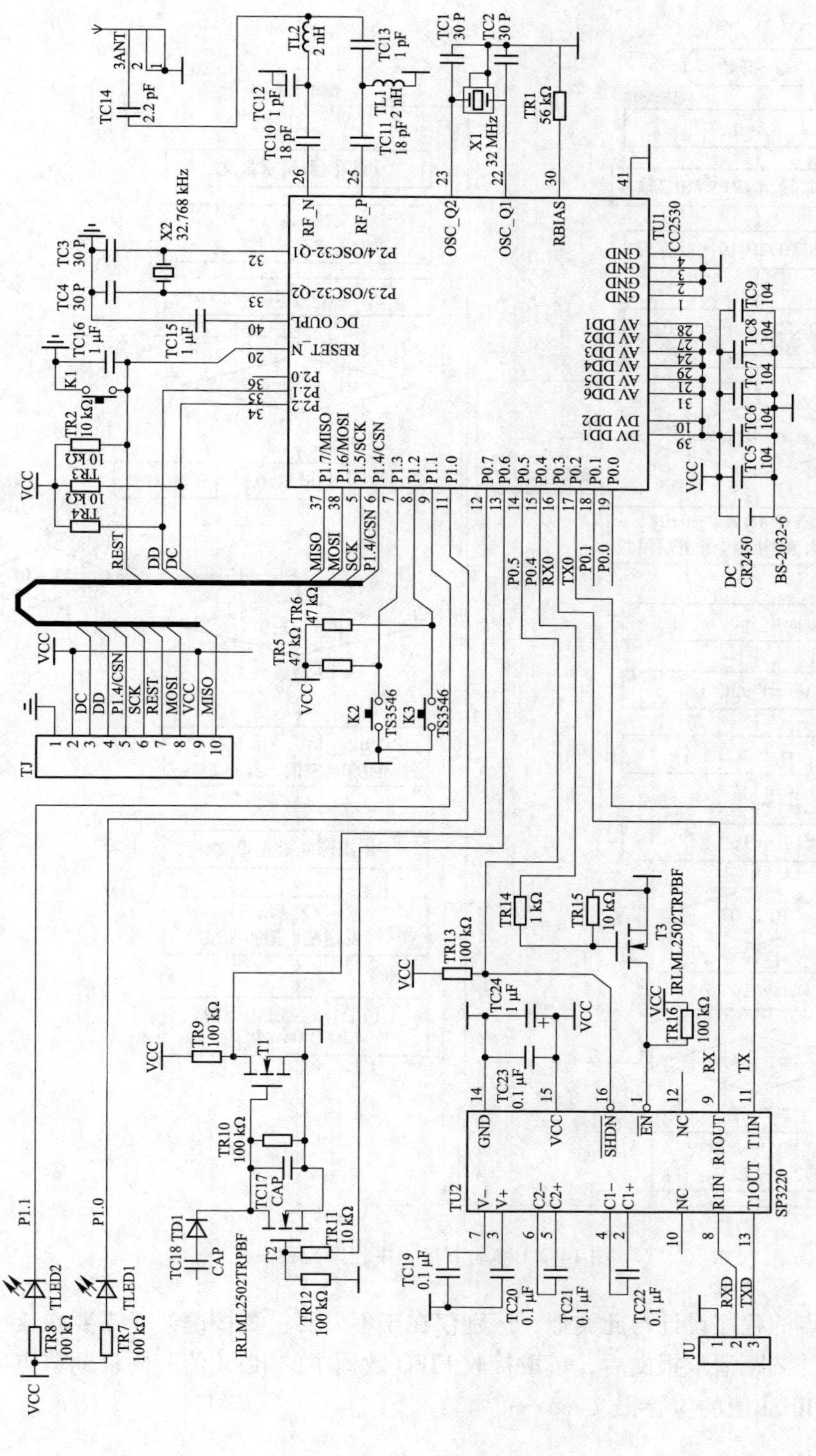

图 14-1 一种 CC2530 无线通信和测距模块电路原理图

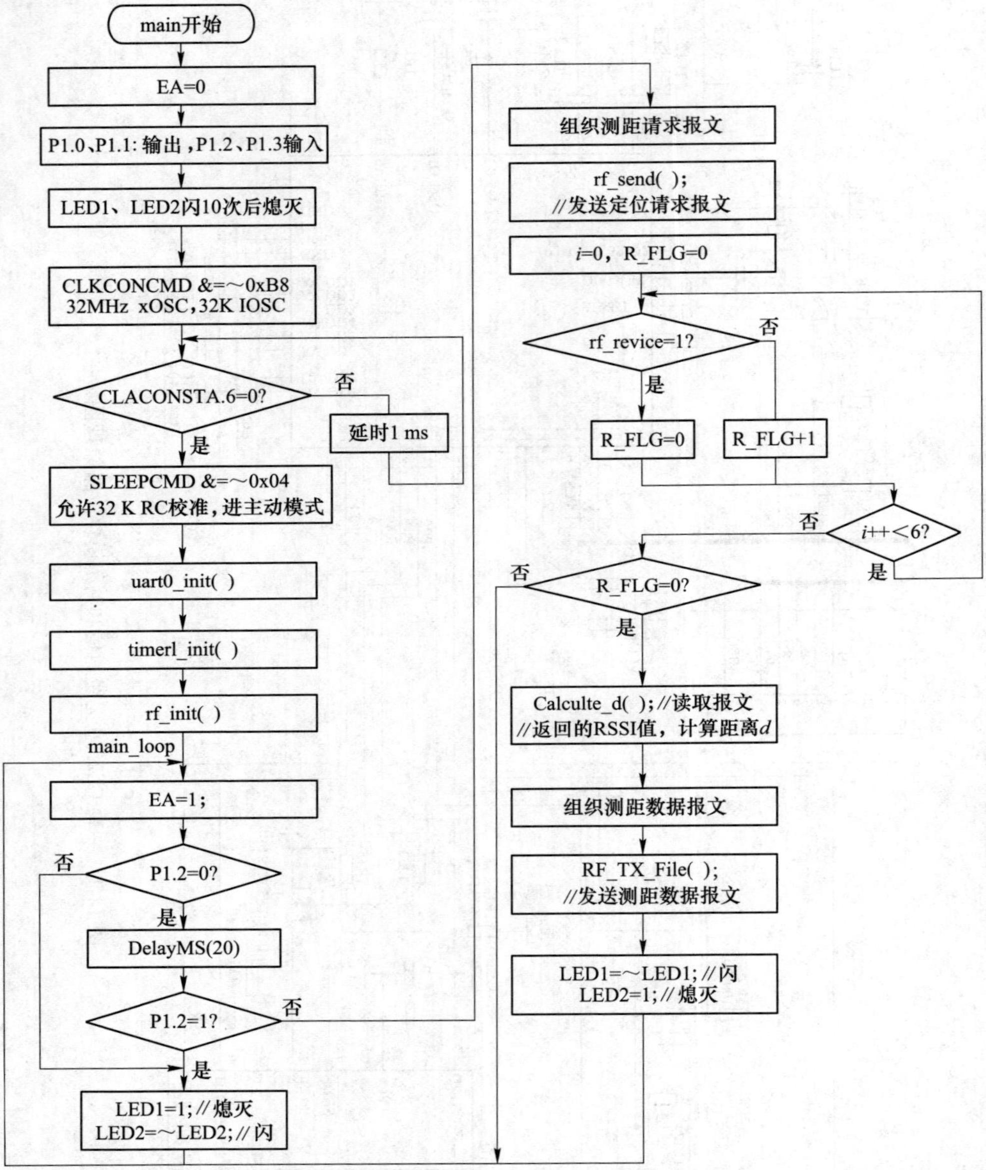

图 14-2　移动节点的主程序流程

锚节点的程序设计与此类似，区别仅在于不需要检测按键，只需要在接收到移动节点的测距请求报文后，读取接收 FIFO 数据中的 RSSI 值，向移动节点回答一个包含 RSSI 值的应答报文。

14.3.2.1 主函数代码例（仅供参考）

```
#include "ioCC2530.h"
#include <stdio.h>
#include <string.h>
#include <stdlib.h>

typedef unsigned char uchar;
typedef unsigned int  uint;
typedef unsigned long ulong;

#define LED1 P1_0
#define LED2 P1_1
#define K1   P1_2
#define K2   P1_3
char rf_rx_buf[128];
int  R_FLG=0;

char serial_rxbuf[128];           //串口接收缓冲区
char TX_Buf[128];                 //发送缓冲区
int  serial_rxpos = 0;
int  serial_rxlen = 0;
char is_serial_receive = 0;
char rf_receive =0;               //RF 收到一个完整保温,并由中断服务程序传送到
                                  //serial_rxbuf 后,设置 rf_receive =1
void uart0_init();
void uart0_sendbuf(char *pbuf , int len);
void uart0_flush_rxbuf();

void timer1_init();
void timer1_disbale();
void timer1_enable();

void rf_send(char *pbuf , int len);
void rf_receive_isr();
void rf_init ();

//组织发送报文
void make_REQ_File ();
void make_DATA_File ();
void RF_TX_File();
```

```
int calculte_d( );

//-------------------------------------------------------------------------
// ***********************************************************************
//主函数
// ***********************************************************************
//-------------------------------------------------------------------------
void main(void)
{
  EA = 0;                              //暂时关闭全局中断
  P1SEL &= 0xF0;                       //P1.0~P1.3 设置为 GPIO,其他不变
  P1DIR &= 0xF0;                       //P1.0,P1.1 为输出,P1.2,P1.3 为输入
  P1DIR |= 0x0C;                       //P1DIR.2~.3=11,>1~.0=00,其他位不变
  LED1 = 0;
  LED2 = 1;
  for (int i=1;i<11;i++)
  {
    LED1 = ~LED1;
    LED2 = ~LED2;
    DelayMS(500);
  }
  CLKCONCMD = 0xB8;                    //B7=1,32K RC;B6=0,32MHz xOSC;B5~#=111,定时
                                         器标记 250kHz
  while( ! (CLKCONSTA & 0x40) ) //B6=0,当前主时钟是 32MHz 时钟
    {
      DelayMS(1);
    }
  SLEEPCMD &= 0x04;                    //B2=1(必须),B1B0=00,PM0,主动模式
  uart0_init();                        //串口初始化 115200
  timer1_init();                       //定时器初始化 2ms 比较匹配
  rf_init();                           //RF 初始化 无帧过滤
  EA = 1;                              //使能全局中断
  while(1)
  {
    if(! K1)                           //如果 K1 没有闭合,则执行 LED1 熄灭,LED2 闪功能
      {
        DelayMS(20);                   //K1 闭合,延时 20ms 再次检测
        if (! K1)                      //如果 K1 开始闭合,则执行测距操作
          {
```

```
            make_REQ_File( );                    //向发送缓冲区 TX_BUF 填充"REQ ",8 字节
                                                 //组织测距请求报文( );
            rf_send( TX_Buf , serial_rxlen);     //将 TX_BUF 的 8 字节发送
            for( int i=0;i<6;i++)
              {
                 if (rf_receive)
                    {
                       R_FLG=0;
                    }
                 else
                    {
                       R_FLG ++;
                    }
              }
            if (! R_FLG)
              {
                 calculte_d( );
                 make_DATA_File( );              //在发送缓冲区 TX_BUF 填充" ",8 字节
                                                 //组织测距数据传送报文;
                 rf_send(TX_Buf , serial_rxlen); //将 TX_BUF 的 8 字节发送
                 rf_receive = 0;                 //rf_receive=0
                 LED1 = ~LED1;                   //LED1 闪
                 LED2 =1;                        //LED 2 熄灭
              }                                  //发送了测距请求,收到应答报文处理分支
                                                 //结束
                 //-----------------------------------------------------------------
            else                                 //发送了测距请求,没有收到应答报文
              {
                 LED1 =~LED1;
                 LED2 =0;
              }
         }                                       //K1 闭合(两次都闭合),发送测距请求后
                                                   处理分支到此结束
           //-----------------------------------------------------------------
      else                                       //第二次检测 K1 未闭合。
         {
//            LED1 =0;
//            LED2 = ~LED2;
```

```
        }
    }
    else
    {
        LED1 = 0;
        LED2 =~LED2;
    }
  }
}
```

14. 3. 2. 2　RF-Init

```
// *****************************************************************************
//rf 初始化函数
//
// *****************************************************************************
//
void rf_init()
{
    TXPOWER    = 0xD5;    //发射功率为 1dBm
                          //F5=4,5dbm,E5=2.5dbm,D5=1dbm,C5=-0.5dbm,B5=-1.5dbm
                          //A5=-3dbm,95=-4dbm.85=-6dbm,75=-8dbm.65=-10dbm
                          //55=-12dbm,45=-14dbm,...,05=-22dbm()
    CCACTRL0   = 0xF8;    //空闲通道评估阈值,复位=0xE0,
                          //推荐值 smartRF 软件生成(资料建议设为 0xF8)
    FRMFILT0   = 0x0C;    //静止接收过滤,即接收所有数据包

    FSCAL1 =     0x00;    //推荐值 smartRF 软件生成
    TXFILTCFG = 0x09;
    AGCCTRL1 =   0x15;
    AGCCTRL2 =   0xFE;

    TXFILTCFG = 0x09;     //推荐值 smartRF 软件生成

    FREQCTRL = 0x0B;      //选择通道 11

    RFIRQM0 |= (1<<6);    //使能 RF 数据包接收中断
    IEN2 |= (1<<0);       //使能 RF 中断
    //RFST:CPU 通过写入该寄存器将立即命令或程序命令或数据写到 CSP
    //0xEn 为立即执行指令,
    //0xE1=ISSTART,指令从写到指令存储器的第一条指令开始执行 CSP 程序
```

```
    //0xE2=ISSTOP,指令停止 CSP 程序执行,且声明 IRQ_CSP_STOP 中断标志
    //0xE3=ISRXON,指令立即为 RX 使能并校准频率合成器
    //0xE6=ISACK,指令立即发送一个确认帧
    //0xE8=:ISCLEAR 立即清除程序存储器,复位程序计数器,并中止任一运行的程序
    //0xE9=ISTXON,校准之后,指令立即使能 TX
    //0xED=ISFLUSHRX,指令立即清除 RXFIFO 缓冲区并复位解调器
    //0xEE=ISFLUSHTX,指令立即清除 TXFIFO 缓冲区
    //0xEF=ISRFOFF,指令立即禁用 RX/TX 和频率合成器
    //...
    RFST = 0xED;        //清除 RF 接收缓冲区 ISFLUSHRX
    RFST = 0xE3;        //RF 接收使能 ISRXON
}
```

14.3.2.3 Time1 初始化

```
// ****************************************************************************
//Time1 初始化,2mm 溢出周期
//
// ****************************************************************************
//
void timer1_init()
{
    T1CTL = 0x0C;       //@ DIV 分频系数 128 @ MODE 暂停运行
                        //T1CTL-D1D0=00-暂停运行,01-自由运行(0x0000~FFFF 反复)
                        //10-模计数(从 0x0000→T1CC0 反复计数)
                        //11-正/反计数(0000→T1CC0→0000 反复计数)
                        //D3D2=00-不分频;01-8 分频;10-32 分频;11-128 分频
    T1CCTL0 = 0x44;     //@ IM 通道 0 中断使能 @ MODE 比较匹配模式
                        //D1D0=00 不捕获;D2=1 比较模式;D5~D3=000 发生比较时输出
                          端置 1
                        //D6=1,使能中断请求(复位默认值)
                        //D7=0 常规输入捕获,=1 为 RF 中断捕获
    T1STAT = 0x00;      //清除所有中断标志

    T1IE = 1;           //IEN1@ BIT1 使能定时器 1 中断

    T1CC0L = 250;       //溢出周期为 2ms
    T1CC0H = 0;
}
```

14.3.2.4 Uart0 初始化

```
// ****************************************************************************
//设定 P0.2=UART0-RX, P0.3=UART0-TX
//设置 PxSEL.y=1,选择 Px.y 为外设功能,否则为 GPIO 功能
//P2DIR.PRIP0 指定 UART0 优先级,设置为 P2DIR.PRIP0=00 时,UART0 优先,如果选择
了 UART
//模式,UART1 或定时器 T1 将优先使用 P0.4 和 P0.5(=01,UART1 优先,=10,T0 优先...)
// ****************************************************************************
//
void uart0_init()
{
    PERCFG = 0x00;              //UART0 选择位置 0 TX@P0.3 RX@P0.2
                                //PERCFG.UART0=0,UART0 不选择备用位置
                                //PERCFG.UART1=0,UART1 不选择备用位置
    P0SEL |= 0x0C;              //P0.3 P0.2 选择外设功能
                                //P0SEL.x=0,选择外设功能,=1 为普通 IO 功能
    U0CSR |= 0xC0;              //UART 模式 接收器使能
      //UART 模式 接收器使能
                                //D7=0,SPI 模式,=1 设置为 UART 模式
                                //D6=0,禁止 UART 接收,=1 使能接收器
                                //D5=0,SPI 主模式,=1 从模式
                                //D4~D0 为状态为。
      //U0UCR = 0x00;           //UART0 模式控制,复位后=0x00
      //D7=1 清除单元,       D6=0 禁流控制
      //D5=0 奇校验;         D4=0 八位传送;         D3=0 禁用奇偶校验
      //D2=0 一位停止位;     D1=0 停止位低电平;     D0=0,起始位低电平
    U0GCR |= 11;                //查表获得 U0GCR 和 U0BAUD
      //U0GCR 为 UART0 通用控制寄存器
      //D7=0:SPI=负时钟极性,D6=0:SPI 时钟相位;D5=0:LSB 先传送
      //D4~D0:波特率设置。10001=(0x11),115200(U0BAUD=216)或 76800(U0BAUD=59)
    U0BAUD = 216;               //115200
      //小数部分 U0BAUD=216,波特率选择为 115200
    UTX0IF = 1;

    URX0IE = 1;                 //使能接收中断 IEN0@BIT2
}
```

思 考 题

14-1 简述利用 CC2530 进行距离测量的工作原理。

14-2 简述无线测距装置的设计流程。

参考文献

[1] 廖建尚，郑建，杜恒．基于 STM32 嵌入式接口与传感器应用开发［M］．北京：电子工业出版社，2018.

[2] 刘龙，高照玲，田华．STM32 单片机原理与项目实战［M］．北京：人民邮电出版社，2022.

[3] 游志宇，陈昊，陈亦鲜．STM32 单片机原理与应用实验教程［M］．北京：清华大学出版社，2022.

[4] 张洪润，邓洪敏，郭竞谦．传感器原理及应用［M］．北京：清华大学出版社，2021.

[5] 陈庆．传感器原理及应用［M］．北京：清华大学出版社，2021.

[6] 杜军朝，刘惠，刘传益，等．ZigBee 技术原理与实战［M］．北京：机械工业出版社，2015.

[7] QST 青软实训．ZigBee 技术开发：CC2530 单片机原理及应用［M］．北京：清华大学出版社，2015.

[8] 葛广英，葛菁，赵云龙．ZigBee 原理、实践及综合应用［M］．北京：清华大学出版社，2015.

[9] 无线龙．ZigBee 无线网络原理［M］．北京：冶金工业出版社，2011.

[10] 许毅，陈立家，甘浪雄，等．无线传感器网络技术原理及应用［M］．北京：清华大学出版社，2015.

[11] 乔建华，田启川，谢维成．无线传感器网络［M］．北京：清华大学出版社，2023.

[12] 谢金龙，邓人铭．物联网无线传感器网络技术与应用（ZigBee 版）［M］．北京：人民邮电出版社，2016.